Manuel Spors

9 Monate arbeiten, 3 Monate frei

MANUEL SPORS

9 MONATE ARBEITEN 3 MONATE FREI

MIT DER ZIEL-INSEL-METHODE® DEIN LEBEN UNKOMPLIZIERT UND FREI GESTALTEN

GOLDEGG

Rechte Umschlaggestaltung: Danni Wiebelhaus, www.danniwiebelhaus.de –
unter Verwendung eines Motivs AdobeStock, deniskrivoy, #205916589
Rechte Autorenfoto: Manuel Spors
Fotografin: Nathalie Spors
Rechte Grafiken im Kern: Manuel Spors

Die Autor:innen und der Verlag haben dieses Werk mit höchster Sorgfalt erstellt. Dennoch ist eine Haftung des Verlags oder der Autor:innen ausgeschlossen. Die im Buch wiedergegebenen Aussagen spiegeln die Meinung der Autor:innen wider und müssen nicht zwingend mit den Ansichten des Verlags übereinstimmen.

Der Verlag und seine Autor:innen sind für Reaktionen, Hinweise oder Meinungen dankbar. Bitte wenden Sie sich diesbezüglich an verlag@goldegg-verlag.com.

Der Goldegg Verlag achtet bei seinen Büchern und Magazinen auf nachhaltiges Produzieren. Goldegg-Bücher sind umweltfreundlich produziert und orientieren sich in Materialien, Herstellungsorten, Arbeitsbedingungen und Produktionsformen an den Bedürfnissen von Gesellschaft und Umwelt.

ISBN: 978-3-99060-360-4

© 2023 Goldegg Verlag GmbH
Unter den Linden 21 • D-10117 Berlin
Telefon: +49 800 505 43 76-0

Goldegg Verlag GmbH, Österreich
Mommsengasse 4/2 • A-1040 Wien
Telefon: +43 1 505 43 76-0

E-Mail: office@goldegg-verlag.com
www.goldegg-verlag.com

Layout, Satz und Herstellung: Goldegg Verlag GmbH, Wien
Printed in the EU

Inhaltsverzeichnis

ES IST ZEIT, DAS SYSTEM ZU SPRENGEN!

Die Motivation, mein Buch zu Lesen, hat ziemlich sicher und vorwiegend den einen Grund: du wünschst dir ein unabhängiges, selbstbestimmtes und glückliches Leben, in dem Arbeit und Leben eine stimmige Einheit bilden. 9 Monate arbeiten, was du liebst, und 3 Monate Urlaub machen, wie du willst! 9:3! So lautet unsere Mission!

»Du stellst dir das so leicht vor, bei dir funktioniert das möglicherweise, aber bei mir sicher nicht!«, bestimmt hast auch du diesen Satz schon gehört, und wahrscheinlich kennst du dann auch diesen: »Du stellst dir das so einfach vor, aber du wirst schon sehen ...«, oder: »Drei Monate Urlaub, wenn das möglich wäre, würde es ja jeder machen!«

Auch mich hat mein Umfeld lange Zeit gebremst, ohne dass ich es überhaupt bemerkt hätte. Erst als ich das verstanden hatte, habe ich mich endgültig in die Selbstständigkeit gewagt und meinen Traum vom erfolgreichen Multiunternehmer mit drei Monaten Urlaub im Jahr realisiert. Ich kann dir sagen, dass es eine der besten Entscheidungen meines Lebens war, mich von negativen Einflüssen zu befreien und mit einhundertprozentigem Einsatz

Was bedeutet Urlaub und Frei sein für uns:

meine Träume zu verfolgen. Es ist nämlich weder kompliziert noch unmöglich, unabhängig zu sein, seine Arbeit zu lieben und dabei das Lebenskonzept von ultimativer Freiheit und drei Monaten Freizeit im Jahr zu realisieren. Auf meinem Weg zu einem selbstbestimmten Lebens- und Arbeitsalltag habe ich allerdings ein paar Stolpersteine übersehen: Einen schweren Autounfall und ein Burn-out hätte ich mir gern erspart, aber ich wäre heute auch nicht dort, wo ich bin. Nun ist es meine Mission, mein Wissen weiterzugeben, denn ich weiß heute, dass die Idee sehr leicht umzusetzen ist.

Du bist vielleicht auch an einem Punkt, an dem du in deinem Leben etwas ändern musst oder willst, richtig? Ich kenne das. Ich war selbst auch in einer so verzwickten Situation, hin- und hergerissen zwischen meinem Umfeld und meinen Träumen, ich kenne das Gefühl der Angst also sehr gut, das einen da befällt.

Mit meinem Buch wende ich mich deshalb vor allem an jene Menschen, die noch zögern, ihrem Herzenswunsch zu folgen, erfolgreiche Unternehmer zu werden und gleichzeitig ein freies, entspanntes Leben zu führen. Manchen von ihnen ist bewusst, dass ihr Umfeld sie davon abhält, den meisten vermutlich aber nicht. Und viele spüren zwar, dass sie in ihrem aktuellen Job nicht glücklich sind, sie sind aber noch auf der Suche nach ihrem Warum. Andere wiederum hält die Unsicherheit ab, die Angst vor dem möglichen Scheitern und vor den Reaktionen – du ahnst es schon – ihres Umfelds. Perspektivlosigkeit und die Aussicht, bis weit über sechzig im Job bleiben zu müssen und dabei zu wenig zu verdienen, motiviert viele unserer Teilnehmer dazu, endlich umzudenken und etwas ändern zu wollen!

Mein Buch richtet sich aber nicht ausschließlich an Unternehmer oder Menschen, die den Weg in die Selbstständigkeit planen. Auch als Angestellter oder Arbeiter kannst du viel aus diesem Buch mitnehmen! Der Traum von einem unkomplizierten und leichten Leben ist nicht Unternehmern vorbehalten. Die Idee von 9 Monaten arbeiten und 3 Monaten Urlaub im Jahr lässt sich allerdings als Selbstständiger sehr viel leichter verwirklichen und hängt im Fall eines Dienstverhältnisses stark von der Branche ab, in der du tätig bist.

Ich kenne die Reaktionen sehr gut, die auf einen zukommen, wenn man laut darüber nachdenkt, weniger Zeit in der Arbeit zu verbringen, mehr zu verdienen und sehr viel mehr Freizeit und Lebensqualität zu haben als bisher. So gut wie jeder sucht sofort den Haken an der Sache.

Auch ich habe immer wieder gehört: »Manuel, bleib in deinem sicheren Job, wer weiß, was passiert …«, oder: »Es gibt schon so viele in dieser Branche, denkst du, die warten da auf dich?« Immer wieder habe ich erklärt bekommen, weshalb etwas *nicht* funktionieren sollte, und ich habe gespürt, dass es nicht automatisch gut ankommt, wenn du positiv und auf Sonnenschein gepolt durchs Leben gehst. Es löst häufig Befremden aus, vor allem bei älteren Generationen, wenn du Leichtigkeit einforderst und lebst. Ich habe erfahren, wie hemmend sich ein negatives Umfeld auf den eigenen Erfolg auswirken kann, und ich weiß, wie sich Mobbing anfühlt. All das möchte ich teilen: meine Erfahrungen und meine erfolgreichen Abwehrstrategien. Denn mir ist es trotz starkem Gegenwind und einem negativ eingestellten Umfeld gelungen, meinen Traum vom eigenen Haus, vom eigenen Unternehmen und drei Monaten Urlaub im Jahr zu verwirklichen und mit 25 Jahren erfolgreicher Unternehmer zu sein.

In meinem Unternehmen gibt es mittlerweile drei Sparten. Die Hochzeitsfotografie, wo wir zumeist über ein Jahr hinweg ausgebucht sind: Wir könnten so gut wie jeden Termin zweimal vergeben und am liebsten würden wir das auch – weil es uns so viel Freude macht und wir lieben, was wir tun. Aber da gibt es noch zwei weitere Sparten, die stetig wachsen und sich vorwiegend um meine Person drehen: der *Inner Circle* und die Bühne.

Der *Inner Circle* ist unsere Onlineakademie, in der ich die Teilnehmerinnen je nach Aufgabenstellung – mehrere Monate lang wahlweise online oder offline trainiere und begleite. Viele der Trainingsinhalte teile ich in diesem Buch mit dir. Wir arbeiten im *Inner Circle* gemeinsam am richtigen Mindset (ein sehr wichtiger Punkt, über den du im Verlauf des Textes noch sehr viel mehr erfahren wirst). Wir arbeiten daran, sich nicht zu überarbeiten, Strukturen im jeweiligen Tun zu schaffen und in weniger Zeit mehr zu bewältigen. Wir arbeiten daran, mit den richtigen Zielen in die Umsetzung zu kommen und dauerhaft motiviert sein zu können.

Bei meiner Speaker-Tätigkeit (meist spreche ich bei Verbänden oder in Unternehmen) drehen sich die Themen ebenfalls um Zielsetzung, Routinen und darum, in weniger Zeit mehr zu erreichen. Ehrenamtlich und unentgeltlich spreche ich außerdem in Schulen und bei Vereinen darüber, was Selbstständigkeit bedeutet und wie sie gelingen kann sowie über meine Erfahrung mit Mobbing und über wirksame Abwehrstrategien.

Ich habe dieses Buch nicht für mich geschrieben, sondern für Menschen, die von ihrem Umfeld daran gehindert werden, ihre Träume zu verwirklichen und erfolgreich zu sein. Erfolg ist für jeden etwas anderes. Für den einen ist es der Kontostand oder ein Luxuswagen, für den anderen sind es drei Monate Urlaub im Jahr und schuldenfrei zu sein. Ich habe dieses Buch geschrieben, weil ich meine Erfahrungen und mein Wissen weitergeben möchte und du nicht dieselben negativen Erfahrungen machen musst wie ich.

Meine Mobbingerfahrung hat mich beispielsweise dazu gebracht, es »allen beweisen zu wollen«, und das hat letztendlich zu einem Autounfall geführt – auch darüber werde ich dir noch mehr erzählen.

Ich möchte für dich und für alle anderen Leserinnen und Leser »dieser Autounfall« sein und dafür sorgen, dass du und ihr alle diese Erfahrung nicht machen müsst.

Du wirst Sachen lesen, die du schon kennst oder schon einmal gehört hast. Wenn sich dieses Gefühl bei dir einstellt – *kenne ich, habe ich schon einmal gehört –*, solltest du dir aber immer auch gleich die Frage stellen, ob du es auch wirklich umgesetzt oder auf die Weise schon ausprobiert hast. Etwas theoretisch zu wissen, reicht nicht aus, erst wenn du dein Wissen anwendest, ist es dir auch wirklich nützlich.

Du wirst Storys lesen, die sehr privat sind und die ich nur mit Freunden teile. Aus diesem Grund möchte ich gern »du« sagen dürfen. Wir kennen uns noch nicht, aber wir werden uns von Kapitel zu Kapitel besser kennenlernen. Ich hoffe, das mit dem »du« ist okay für dich. Wenn wir uns bei einem meiner Vorträge, einer Lesung oder sonst irgendwo begegnen, können wir ja individuell entscheiden, ob es beim du bleiben soll!

Ich empfehle dir, dieses Buch nicht »nur« zu lesen, sondern damit zu spielen, es durchzuackern, Eselsohren reinzumachen, Gedanken hinzuzufügen. Ich freue mich auf viele Fotos von meinem Buch, das voller Gebrauchsspuren ist, mit zig Post-its, Markierungen und vielen persönlichen Notizen. Mache das Buch zu deinem!

Unterstreiche alles Interessante.

Markiere Wichtiges mit Textmarker. Lege dir am besten zwei oder drei Farben zurecht, die du bestimmten Themen zuordnest: der Gelbe beispielsweise für besonders Wichtiges, für Schlüsselsätze oder Sätze, die dir besonders gut gefallen. Der Grüne vielleicht für To-dos und so weiter.

Ich arbeite mit *Evernote*. Das ist ein Onlinedienst mit einer dazugehörigen Software, die das Sammeln, Ordnen und Finden von Notizen, Dokumenten und Fotos in verschiedenen Formaten unterstützt. Es gibt eine Basisversion, die gratis ist – schau einfach einmal rein und lass dich inspirieren, vielleicht ist das auch für dich die passende Art, Ordnung in deine Gedanken zu bringen.

Aber versprich mir eine Sache: Mache bitte nicht *nichts* mit meinem Buch!

Unser Umfeld, Unordnung und alltägliches Chaos hemmen uns und lenken uns ab vom Vorwärtskommen und davon, unseren Träumen zu folgen. In jedem von uns steckt so viel mehr, als er glaubt und als er sich möglicherweise zutraut. Persönlichkeitsentwicklung ist für mich untrennbar mit Potenzialweckung verbunden und diese Entwicklung – wie jede Art von Lernen – findet immer außerhalb der Komfortzone statt!

Also aufwachen, denn auf den nächsten Seiten wartet auf dich ein Impulsfeuerwerk, das du nicht ignorieren kannst, und das ist gut, denn eine wichtige Sache habe ich gelernt: Egal, ob du mit dem weltbesten Coach arbeitest oder dich durch ganze Bibliotheken ackerst und Wissen sammelst – das alles ist wenig wert, wenn du nicht ins Tun und ins Umsetzen kommst. Ich werde dir zeigen, wie du ins Handeln kommst und motiviert bleibst, und ich teile viele wirksame Werkzeuge mit dir. Wenn du umsetzt, was ich dir beibringe, dann musst du über das Scheitern nicht mehr nachdenken. Es nicht zu versuchen, das wäre Scheitern!

> "
>
> Du brauchst nicht 5 Jahre Ausbildung & Weiterbildung, sondern 1 Jahr Umsetzung, denn du musst tun, um dein Ziel zu erreichen!

MANUEL SPORS

MEIN FRÜHERES LEBEN AUF DER ÜBERHOLSPUR

Kennst du das auch? Von 6:00–23:00 Uhr im Büro zu sitzen, von früh bis spät von einem Termin zum anderen zu laufen und spätabends oder in der Nacht noch E-Mails oder Social Media Feeds zu beantworten? Ich kenne das sehr gut, das war lange meine Arbeitsrealität. Ich hatte damals zwei Jobs. Tagsüber arbeitete ich Vollzeit in einem Maschinenbauunternehmen und nach der Arbeit war ich selbstständiger Event- und Hochzeitsfotograf. Ich arbeitete somit auch noch nachts und an den Wochenenden, um meinen Traum von der Selbstständigkeit, Unabhängigkeit und einem freien Leben nach meinem Geschmack irgendwann verwirklichen zu können.

Bis zum 9. 12. 2018.

Ich war wieder einmal spät nachts von einem Auftrag unterwegs nach Hause, einer von vier Nachtjobs innerhalb einer Woche, ich war todmüde und freute mich einfach nur auf daheim, auf meine Frau und das warme Bett. Es waren kaum Autos auf der Straße, die Straßenbeleuchtungen waren schon großteils abgedreht und es war ungewöhnlich dunkel. Die Fahrverhältnisse waren *richtig* schlecht, es regnete und die Straße war sehr glatt. Ich war so müde, dass ich einmal sogar stehen blieb, um mich kurz zu sammeln und mich wieder aufs Fahren konzentrieren zu können. Alles tat mir weh, mein Körper wollte einfach nur auf der Stelle umfallen und schlafen. Ich bin vorsichtig gefahren, aber irgendwie war ich wie ferngesteuert, und ungefähr 200 Meter vor meinem Haus geriet mein Auto ins Rutschen und ins Schleudern. Ich habe versucht, gegenzulenken, aber ich habe sofort gespürt, dass ich die Kontrolle über den Wagen und über das Geschehen verloren hatte. Mir blieb nichts mehr zu tun, als jeden Muskel meines Körpers anzuspannen und auf den Aufprall zu warten. Diese Sekundenbruchteile fühlten sich richtig schlimm an, und dieses Gefühl der völligen Ohnmacht wünsche ich niemandem. Frontal krachte ich in die Mittelinsel der Fahrbahn, Verkehrsschilder und Autoteile flogen, es war laut, und alles fühlte sich unglaublich nah und schnell an, als hätte jemand den Geschwindigkeitsregler kurz nach oben geschoben. Und dann: Stille und Dunkelheit. Ich habe nichts gespürt, stand unter Schock, war wie ferngesteuert. Alles lief ab wie ein Film und als hätte es nichts mit mir zu tun.

Jemand blieb stehen und half mir beim Aussteigen. Das Auto hatte einen Totalschaden. Dann Feuerwehr, Abschleppwagen, Polizei, das ganze Programm. Ich saß am Straßenrand und spürte nichts, ich nahm keine Schmerzen wahr, keine Müdigkeit, keine Kälte. Bis der Abschleppwagen kam, vergingen rund zwei Stunden, in denen ich in kurzer Hose und kurzärmeligem Poloshirt am Straßenrand saß und trotz der Minusgrade meine schwere Unterkühlung nicht fühlte. »Ist Ihnen nicht kalt?«, fragte mich der Polizist, während ich in den Alkomaten blies, der 0,0 ‰ anzeigte. Nein, mir war nicht kalt, denn ich spürte nichts: nicht mich, nicht die Kälte, nicht die Schmerzen.

Alles war außer Kontrolle geraten, und obwohl ich mittendrin war, fühlte es sich an, als hätte das alles nichts mit mir zu tun. Der Unfall, die Unterkühlung – all das schien unter dichtem Nebel zu geschehen.

Wie konnte ich so plötzlich die Gewalt über das Geschehen verlieren? Was war nur passiert? »Du warst übermüdet und hast einen Unfall gebaut«, wirst du vielleicht sagen, und das stimmt. Aber wie konnte es so weit kommen? Man muss doch wissen, wann es zu viel ist, oder nicht? Es war längst zu viel gewesen. Aber ich war in diesem Strudel gefangen, beide Jobs machen *zu müssen*. So oft hatte ich Warnungen aus meinem Umfeld bekommen, in meinem sicheren Beruf zu bleiben, bis ich irgendwann selbst daran geglaubt habe, dass das mit der Selbstständigkeit und dem freien Leben ein unkalkulierbares Risiko ist.

In jener Nacht war der Crash unvermeidbar und zeigte mir auf drastische Weise auf, dass ich etwas ändern muss, weil ich den Fokus auf das richten musste, was mir wirklich wichtig war.

Ich fotografiere, seit ich zwölf Jahre alt bin. Angefangen hat das Ganze mit der analogen Spiegelreflexkamera von meinem Papa, später habe ich mir eine kleine Digitalkamera von Canon gekauft, aber schon mit meinem zweiten Lehrlingsgehalt habe ich mir meine erste digitale Spiegelreflexkamera gegönnt. Mit 17, 18 Jahren war ich viel unterwegs und habe den Weg in die Eventbranche gefunden. Ich fand die Idee sehr cool, mir beim Weggehen mit meinen Bildern meinen Abend zu finanzieren und vielleicht irgendwann sogar davon leben zu können. Es hat nicht lange gedauert, da wurde sehr viel mehr daraus als nur ein Hobby, das ein wenig Kleingeld einbrachte. Ein Zweitjob nämlich, der mich – bis zur Unfallnacht – mit Aufträgen in der Nacht und am Wochenende auf Trab hielt.

Ich hatte mir einen Traum erfüllt und mein Hobby, das Fotografieren, zum gewinnbringenden Business gemacht. Zusätzlich saß ich täglich bei einem Maschinenbauunternehmen in einem Job, der mir, offen gestanden, überhaupt keine Freude mehr machte – aber das Gefühl der finanziellen Sicherheit aufzugeben, dazu war ich nicht bereit. »Bleib in deinem sicheren Job!«, »Was passiert, wenn du mit deiner Selbstständigkeit scheiterst?!«. Es waren Sätze wie diese, die mich davon abhielten, den Schritt in die Freiheit und Unabhängigkeit zu machen. Also machte ich beide Jobs. Ich rackerte mich ab wie ein Sklave und musste mich an Sonntag-nachmittagen von meiner gemütlich auf der Couch liegen-den Frau verabschieden, weil ich bei einem Event fotografie-ren sollte. Und wenn ich dann spätnachts wieder heimkam, musste ich auch noch die Nachbearbeitung und das Einstel-len der Bilder erledigen, da ich ja am nächsten Morgen wie-der zu meiner regulären Arbeit musste.

Wie war ich bloß in diesen Strudel hineingeraten?

Ich war immer schon ein Fan von Weiterbildung, und nach meinem Unfall ist mir klar geworden, dass ich zwar viel wusste, mir unendlich viel angelesen und angehört hatte, dass ich also *theoretisch* wusste, wie ich mein 9:3-Wunsch-Lebensmodell erreichen könnte, aber dass ich das meiste des Gehörten, Gesehenen und Gelesenen überhaupt nicht um-gesetzt hatte. Ich habe wahnsinnig viel gearbeitet, zwei Jobs gleichzeitig gemacht, aber irgendwie passten Input und Out-put nicht zusammen. Noch ein paar Monate vor dem Auto-unfall hatte ich in Südafrika an einem Business-Bootcamp meines Mentors teilgenommen. Dort lernte ich Menschen mit mehr als zehn Angestellten und über eineinhalb Millio-nen Euro Jahresumsatz kennen, die teilweise mehrmals im Jahr für mehrere Wochen mit dem Wohnmobil Urlaub mach-ten und trotz erfolgreich laufendem Unternehmen genau die Freiheit lebten, die ich mir vorstellte. *Wahnsinn*, dachte ich. Ich war in einer völlig anderen Welt gelandet und habe aus Kapstadt unendlich viel Inspiration, Wissen und Eindrücke mitgenommen. Aber, und das wurde mir nach dem Unfall bewusst – ich hatte nichts davon umgesetzt.

Nach dem Unfall habe ich begonnen, alles aufzuschrei-ben. Alles das, was mein Kentern hätte verhindern können. In dieser Zeit ist mein Lebensschiff-Modell® entstanden, das uns durch dieses Buch begleiten wird und das die Essenz aus allem ist, was ich bisher gelernt habe.

Zum Zeitpunkt der Entstehung dieses Buches bin ich 25 Jahre alt, ich habe geheiratet, ich habe ein Haus gebaut und ich habe ein gut laufendes Unternehmen aufgebaut. Ich bin Multiunternehmer (Fotograf, Berater, Speaker), und mir gehen die Ideen nicht aus. Die Stimmen aus meinem Umfeld sagen, dass ich sehr erfolgreich bin. Was Außenstehende meistens nicht sehen, sind die unzähligen schlaflosen Nächte, den Unfall, das Ausgebrannt-Sein und die Tatsache, dass ich lange Zeit auf jegliche Freizeit und viele Sozialkontakte verzichtet habe. Heute weiß ich, dass das nicht unbedingt hätte sein müssen. Einhundertprozentiger Einsatz, ja. Aber nicht das Ausbrennen und der Autounfall. Alles, was dazwischen war, hat mir unendlich viel Spaß gemacht, weil ich wusste, wofür ich es tat. Und trotzdem gibt es ein paar Dinge, die ich mir hätte ersparen können, und deshalb schreibe ich dieses Buch.

Erfolg kann leicht gehen – aber niemals ohne totalen Fokus und ohne deine volle Überzeugung. Erfolg passiert einem nicht einfach so.

Überlege dir also: Wie definierst du Erfolg? Ist es Reichtum, Status oder vielleicht die Anerkennung von Außenstehenden? Sind es das Weniger-Arbeiten und die gewonnene Freizeit? Ist es das Gefühl von mehr Freiheit und Unabhängigkeit?

Was ist Erfolg für dich?

Ist *der Erfolg* das Ziel, das es zu erreichen gilt, oder ist *der Weg* dorthin und an dir zu wachsen das eigentliche Ziel? Diese Frage habe ich mir immer wieder gestellt und sie hat mich letztendlich zu meinem Lebensschiff-Modell® und zu meiner Ziel-Insel-Methode® geführt, einem Herzstück in diesem Buch.

Wie denkst du darüber? Was ist Erfolg für dich?

Ich halte nichts davon, mich mit anderen zu vergleichen. Ich blicke lieber zurück und frage mich: Was ist im vergangenen Jahr alles passiert und wie habe ich das gemeistert? Und daraus lerne ich und ziehe meine Schlüsse. Ich bin ein Reisender.

Deshalb ist es mir so wichtig, dass du dir genau überlegst, was Erfolg *für dich* bedeutet. Erfolg ist etwas sehr Individuelles und hängt eng mit innerer Einstellung und Werten zusammen. Jeder von uns besitzt – bewusst oder unbewusst – ein Fundament aus Werten. Wenn dieses Fundament fest ist, kannst du darauf den Erfolg aufbauen – eine Säule nach der anderen. Ich zeige dir etwas später eine Methode, wie du deine Werte für dich herausfinden kannst.

Geld und finanzielle Unabhängigkeit sind insbesondere bei älteren Generationen wichtige Werte. Ich stelle vermehrt fest, dass sich das bei den Jüngeren komplett gedreht hat. Fast alle streben heute nach einem Job, der sie glücklich macht, nach einem selbstbestimmten Arbeitsalltag und ausreichend Zeit für sich und ihre Hobbys. Ich glaube, die Krisen der letzten Jahre haben das Denken und Handeln der Jungen völlig auf den Kopf gestellt. Drehte sich früher alles um Erfolg und Geld, so dominieren heute ganz andere, fast schon konservative Werte: Selbstbestimmung, Freiraum, Freiheit, Unabhängigkeit.

Freiheit geht immer vor Umsatz, aber du brauchst den Umsatz, um frei zu sein!

MANUEL SPORS

Viel Geld macht dich mehr zu dem, der du vorher schon warst. *Das sagt sich leicht dahin, wenn man schon erfolgreich ist!,* wirst du möglicherweise denken.

Was denkst du, wäre anders, wenn du viel Geld hättest?

Viel Geld macht dich mehr zu dem, der du vorher schon warst.

Denk noch einmal darüber nach!

Ab einem Jahreseinkommen von 60.000 Euro erreicht das Lebensglück ein Maximum, so das Ergebnis der Forschungen von Nobelpreisträger Daniel Kahneman und Wirtschaftsprofessor Angus Deaton. Danach erweitert sich der finanzielle Spielraum. Der macht aber kaum glücklicher, so die Forschung. Das Geld verstärkt also nur deinen vorhandenen Charakter. Wenn du vorher helfen wolltest, wirst du das auch machen wollen, wenn du viel oder mehr Geld hast.

Ich behaupte: Wenn du liebst, was du tust, kommt das Geld von allein. Oft fängt es mit einem Hobby an. Eine Freundin war bei einem Workshop, in dem gezeigt wurde, wie man Patchwork-Taschen herstellt. Das hat ihr so viel Spaß gemacht, dass sie mittlerweile ein Geschäft daraus gemacht hat. Die Taschen verkaufen sich wie warme Semmeln, und sie hat das nicht etwa des Geldes wegen angefangen, sondern weil es ihr Spaß gemacht hat.

So gut wie jeder von uns kennt jemandem im Kreis der Familie oder der erweiterten Verwandtschaft, der selbstständig ist. Diejenigen, die sich in die Selbstständigkeit begeben und gesagt haben: »Ich will einfach nur schnell und viel Geld verdienen, reich werden, berühmt werden, egal, auf wessen Kosten … «, die sind ziemlich sicher gescheitert. Wenn Herz *und* hundertprozentiges Engagement fehlen, ist der Schiffbruch quasi vorprogrammiert.

In der Zeit, in der dieses Buch entsteht, ist die Diskussion um den weltweiten Fachkräftemangel sehr präsent. Die Jungen wollen nicht mehr arbeiten, heißt es oft. Aber das stimmt nicht. Die Leute haben heute nur eine andere Vorstellung von ihrem Leben als die früheren Generationen. Reichtum ist kein absoluter Wert mehr, und entgegen der verbreiteten Meinung, die Jungen wären nicht zum Verzicht bereit, sind wir sehr wohl bereit, für mehr Selbstbestimmung und Freiheit auf etwas Geld zu verzichten. Wer sich dafür entscheidet, den Schritt in die Selbstständigkeit zu machen, weiß in der Regel, dass er ab sofort selbst dafür verantwortlich ist, dass Geld hereinkommt. Es kommt nicht mehr automatisch jeden Monat aufs Konto – das ist für viele eine große Umstellung.

Diejenigen, die sich jedoch mit ihrem Herzensprojekt selbstständig machen, die das tun, was sie gern tun, die ihr Projekt wirklich leben, die werden in den allermeisten Fällen sehr erfolgreich sein.

Für mich war im Grunde immer klar, dass es nicht das Geld ist, das mich antreibt, und trotzdem hat mich mein Sicherheitsdenken dazu getrieben, in zwei Jobs gleichzeitig zu arbeiten, um nur ja nicht mit der Selbstständigkeit zu scheitern und dann pleite vor meinen zerschellten Träumen zu stehen. Deshalb ist es mir so wichtig, dass du dir gut überlegst, was Erfolg für dich bedeutet. Und dass der Schritt in die Selbstständigkeit und Unabhängigkeit untrennbar mit Einsatz und mit Verzicht verbunden ist. Du darfst Pausen machen, aber dir muss klar sein, dass sie Auswirkungen auf dein Konto haben können – zumindest so lange, bis dein Unternehmen praktisch von allein läuft. Wenn dir Sicherheit und großer Wohlstand so wichtig sind, dass du keinesfalls auch nur kurz darauf verzichten willst, musst du dir deinen Schritt gut überlegen. Ich will dich nicht verunsichern, im Gegenteil. Ich will deine Einstellung schärfen. Ich will, dass dir klar ist, dass du dir Unabhängigkeit und Selbstbestimmung erarbeiten musst und dass du umsetzen musst, was dich in diesem Buch an Methoden und Werkzeugen erwartet. Ganz von allein geht das nicht, du musst auch ins Handeln kommen. Aber du willst das System sprengen, sonst würdest du jetzt nicht mein Buch lesen. Ich werde dir zeigen, wie du den Neustart Schritt für Schritt umsetzen und ein erfolgreiches, entspanntes Leben voller Abenteuer führen kannst.

TAKE-AWAYS

✓ Finde heraus, was Erfolg für dich bedeutet!

✓ Erfolg ist ein Gefühl! Was ist Erfolg für dich? Verinnerliche das Gefühl, das bei deiner Antwort in dir aufkeimt!

✓ Viel Geld macht dich mehr zu dem, der schon warst.

✓ Wenn du liebst, was du tust, kommt das Geld von allein!

DAS LEBENSSCHIFF-MODELL® – DEIN MINDSET

In der intensiven Zeit der Reflexion nach meinem Autounfall ist mein Lebensschiff-Modell® mit seinen Charakteren und seinem Aufbau entstanden.

Ich betrachte unser Leben wie eine Schiffsreise, die viele Abenteuer und Herausforderungen birgt. Du hast dich dafür entschieden, unabhängig und selbstbestimmt zu leben und dich auf das Wagnis dieser Reise einzulassen. Dazu gehört dein Schiff, auf dem es Privates und Berufliches zu vereinen gilt. Das Schiff bist du, dein Partner, deine Kinder, dein Unternehmen. Dein Schiff benötigt die richtigen und vor allem stabile Strukturen, mit denen es dem einen oder anderen Sturm oder Eisberg auch einmal standhalten kann. Auf einem Schiff können alle immer nur in dieselbe Richtung reisen. Jede entgegengesetzte Dynamik, oder wenn jemand aus deiner Flotte ausbrechen will, gefährdet die Stabilität deines Schiffs. Mit dem richtigen und bedingungslosen Mindset bleibt alles auf Kurs, und damit starten wir jetzt! Gemeinsam

setzen wir die Ziele für die Richtung, in die du willst, und ich gebe dir jede Menge Motivation und Tools zur Hand, damit du die damit verbundenen Aufgaben auch umsetzen kannst.

Das sieht doch schon einmal nach jeder Menge Erfolg aus, richtig? Ein eigenes Schiff, eine kleine Flotte, die schon hinter dir hersegelt. Du hast es also geschafft, aber du hast schon beim Anblick der Grafik das Gefühl, dass du dafür ganz schön rackern und auf vieles verzichten musst? Ist das so? Wird das so sein? Ist das normal? Musst du rackern wie ein Sklave, um zu leben wie ein Kapitän? Schlicht und ergreifend: ja. Bevor du jetzt zu lesen aufhörst: keine Angst. Was ich mit dem »Rackern« ausdrücken möchte, ist, dass Einsatz und Herzblut unverzichtbar sind für deinen Erfolg. Denke an Peter Jackson, er ist mit seinem »Herr der Ringe«-Drehbuch zigmal abgelehnt worden, bis er einen Produzenten gefunden hat, der sich an dieses Megaprojekt gewagt hat. Auch Apple-Gründer Steve Jobs hat viele Rückschläge einstecken müssen, bevor aus seinem Herzensprojekt wurde, was es heute ist. Dranbleiben und an dich und dein Vorhaben glauben – und das bedeutet Arbeit. »*First work fulltime in your job and parttime on your dream …*«, habe ich einmal gelesen. Das hat mir gefallen, und genau so habe ich es auch gemacht. Es kommt nämlich dann der Moment, und das kann ich dir versprechen, an dem du Vollzeit an deinem Traum arbeiten kannst und maximal, wenn überhaupt, *parttime* in deinem Job (der in der Regel *nicht* der ist, der dich *wirklich* glücklich macht und erfüllt, sonst wären wir beide ja nicht hier).

Wie viel Risiko du eingehen und wie schnell du auf deinem eigenen Schiff lossegeln möchtest, ist deine ganz ureigene und persönliche Entscheidung. Aber eines gilt immer: Dein Schiff sollte von vornherein stabil gebaut sein. Nimm dir dafür Zeit. Nicht einfach rauf aufs Schiff und einmal drauflossegeln. Das kann gut gehen, muss es aber nicht. Es kann nicht schaden, dass du einen sicheren Hafen hast und dafür sorgst, dass du eine Werft kennst, die jederzeit für mögliche notwendige Reparaturen an deinem Lebensschiff zur Verfügung steht. Nicht alles auf einmal, das ist meine Empfehlung. Nicht gleich in See stechen, denn damit setzt du dich selbst zu sehr und unnötig unter Druck. Aber warte auch nicht zu lange, denn auch da kann Druck entstehen und du bist ständig hin- und hergerissen. Eine Prise Abenteuerlust und Mut gehören zum Unternehmertum!

Der Dreh- und Angelpunkt für den erfolgreichen Start ist dein Umfeld. Dazu kommen wir gleich noch ausführlich, aber schon einmal vorab: Es geht darum, dir Menschen zu suchen, die weiter sind als du, Vorbilder, die dir helfen und dir ihre Zeit schenken. Wenn ich diese Vorbilder und Coaches von Anfang an gehabt hätte, hätten sie mir gesagt: »Du kannst gehen, Leinen los, du musst dir keine Gedanken machen.«

Wenn du erfolgreich sein willst, musst du dich committen. Commitment ist ein sehr viel passenderes Wort als das deutsche Pendant »Verpflichtung«, jemandem gegenüber verpflichtet sein zu, das mögen wir nicht so sehr in unserem Kulturkreis. Immer dieser Druck. Und doch wollen wir erfolgreich sein. Aber ohne Commitment, ohne sich zum Erfolg zu verpflichten, wird der Erfolg ausbleiben. Wie wäre ich in einem umkämpften Markt wie dem der Fotografie mit unzähligen Mitbewerbern zur Nummer eins im Umkreis geworden, ohne mir die Verpflichtung aufzuerlegen, das zu erreichen? Richtig, sicher nicht.

Aber keine Angst, du musst nicht rackern bis zum Umfallen – dafür hast du mich und dieses Buch! Es kann und darf auch leicht gehen, und das kann und wird es, wenn es dir gelingt, wirklich in die konsequente Umsetzung und ins Tun zu kommen.

Der Weg zu deinem Erfolg findet nun sinnbildlich auf dem Wasser statt. Du lenkst dein Lebensschiff und führst deine Flotte an. Es wird immer wieder Unwägbarkeiten geben – Treibholz, eine feindliche Flotte oder ein feindliches Schiff, einen Sturm oder einen Eisberg, der aus dem Wasser ragt. Ich werde dir zeigen, wie du auch mit Hindernissen erfolgreich umgehen kannst.

Lass uns eine kleine Denkreise machen, bevor wir in See stechen, und gehen wir einmal ganz an den Anfang!

Wenn du schon selbstständig bist, schließe deine Augen und denke zurück an den ersten Tag, an dem du dein Business starten wolltest. Wenn du noch angestellt und in einem Lebensalltag gefangen bist, der sich nicht »nach deinem« anfühlt, denke an deine Tätigkeit im Job und an das, was du gerne – oder lieber – beruflich machen würdest.

Was fühlst du?

Wie geht es dir?

Ich fühlte bei dieser Gedankenreise immer eine starke Anziehung in Richtung Fotografie und dahin, mein Wissen auf der Bühne weiterzugeben. Das Gefühl war bei mir so stark, dass ich mir die Frage eigentlich nie gestellt habe, was meine Berufung ist. Für mich war sie klar. Vielleicht ist das auch bei dir so klar, vielleicht aber auch nicht. Nimm dir deshalb ausreichend Zeit zum Nachdenken!

Du kannst nur richtig erfolgreich sein, wenn du für etwas wirklich brennst – alle Erfolgreichen lieben, was sie tun. Denke zum Beispiel an Henry Ford, den Gründer der Ford Motor Company, oder Mark Zuckerberg, eines der Facebook-Masterminds. Denke an Steve Jobs, einen der Gründer von Apple, und an Regisseur Sir Peter Jackson, der sich mit seiner Regiearbeit bei »Herr der Ringe« ein bleibendes Denkmal gesetzt hat. Diese vier könnten auf den ersten Blick nicht unterschiedlicher sein, haben aber alle etwas gemeinsam: Sie haben keinen Schulabschluss. Aber alle vier haben sich zu einhundert Prozent ihrem Lebenstraum verschrieben und sind auch nicht vom Kurs abgekommen, nachdem sie ein paar Mal gekentert sind und die Fahrt durch wilde Gezeiten ging.

Mit der richtigen Einstellung findest auch du zu einhundert Prozent Commitment.

Bevor ich mich im Juni 2021 entschieden habe, mein Einhundert-Prozent-Commitment im Kopf auch in die Tat umzusetzen, hat mein Tag so ausgesehen: Ich bin aus der Firma gegangen, nach Hause gefahren und habe meistens direkt den Weg in mein Büro zu Hause genommen. Ich hatte meine Lehre mit Auszeichnung bestanden, die Matura (österreichisch für Reifeprüfung) parallel zu meiner Meisterschule absolviert und meine Meisterprüfung in Maschinenbau ebenfalls mit Auszeichnung abgelegt. Ich bekam schnell einen Job, wurde befördert und bekam mehr Gehalt. Alle in meinem Umfeld freuten sich und sagten: »Mega, Manuel!« Kennst du das Gefühl vielleicht auch? Du weißt, dass du dich über etwas freuen müsstest, du aber einfach gar nichts fühlst, schon gar keine Freude?

So ging es mir. Nach außen hin tat ich, als wäre ich happy über die Anerkennung von ringsherum, aber innerlich spürte ich, dass ich mich nicht aufrichtig über das Erreichte freuen konnte. Heute weiß ich, warum es mir trotz der erfolgreich absolvierten Meilensteine in meinem Leben überhaupt nicht gut ging. Es war nie *meine* Definition von Erfolg, die ich lebte.

Meine Eltern hatten mir jahrelang eingetrichtert: »Du brauchst einen Abschluss! Du brauchst eine abgeschlossene Schul- und Berufsausbildung! Du brauchst einen sicheren Job!« Deshalb habe ich abgeliefert, Schule und Ausbildung abgeschlossen, und neben meinem »richtigen« Job viel Zeit und Geld in Weiterbildung investiert und parallel dazu meine Selbstständigkeit auf- und ausgebaut.

Aber erst als ich mein geistiges Commitment in die Tat umgesetzt und mich der Fotografie zu einhundert Prozent verschrieben habe, kam dieses wunderbare Gefühl der Erfüllung und Zufriedenheit. Ich habe 2021 gekündigt und mein Baby großgemacht. Mein Geschäft entwickelte sich so rasant, dass bald auch meine Frau kündigte, in unser gemeinsames Unternehmen einstieg und wir mittlerweile ein internationales Team haben. Leider brauchte es dafür bei mir einen Autounfall und ein Burn-out – und das möchte ich dir unbedingt ersparen.

Wenn du überzeugt bist von dem, was du willst, wenn du liebst, was du machst, und dich dann richtig reinhängst, kannst du in kurzer Zeit zu sehr großen Erfolgen kommen. Erfolg definiert jeder für sich, darüber haben wir schon gesprochen. Ich würde sogar behaupten, Erfolg ist ein Gefühl! Wenn du es nicht fühlst, bist du ziemlich sicher auf dem falschen Weg.

Viele Menschen fangen zu oft und zu schnell unausgereifte Projekte an. Sie haben eine coole Idee, starten drauflos und kommen dann zwangsläufig rasch an den Punkt, an dem sie zugeben müssen: »Shit, das ist jetzt schiefgegangen ...« Und dann geben sie auf.

Einmal angenommen, ich hätte der beste Fotograf in der Umgebung werden wollen und hätte beim ersten Kunden, der mir gesagt hat, die Bilder seien nicht ganz so, wie er sie sich vorgestellt habe, aufgegeben. Dann wäre ich heute nicht da, wo ich bin. Im Leben läuft nicht immer alles glatt. Gemeisterte Schwierigkeiten – große wie kleine – lassen uns wachsen, lernen und besser werden. Nur durch Dranbleiben, Hartnäckigkeit und Commitment lassen sich Träume verwirklichen!

»Der Typ mit der kurzen Hose und den blonden Haaren« – mich kennt in Salzburg so gut wie jeder. Nicht nur wegen meines Outfits, sondern auch und vor allem deshalb, weil ich an meinem Herzenswunsch, als selbstständiger Fotograf erfolgreich zu werden, konsequent und hart gearbeitet habe. Ich war bei jedem Dienstleister und in jedem Hotel, um ins Gespräch zu kommen und mich dort vorzustellen.

Ich erinnere mich an einen Teilnehmer meines *Inner Circle*, den ich fragte: »Wie viele Leute hast du schon kennengelernt?« – »Noch keine, denn ich habe an meiner Webseite gearbeitet!«, bekam ich zur Antwort.

Meine eigene Webseite sah *richtig* scheiße aus, als ich in die Selbstständigkeit gestartet bin. Anstatt an meiner Webseite zu arbeiten, war ich bei Hunderten von potenziellen Kunden oder Zielgruppenbesitzpartnern (wie Eventlocations, auf Netzwerktreffen, überall dort, wo ich meine Kunden vermutet habe und schnell an sie rangekommen bin), um mich vorzustellen. Ich habe Urlaubstage verwendet, um zu ihnen zu fahren, mich vorzustellen, und um sie wiederum ebenfalls weiterzuempfehlen. Also verschwende nicht Tage, Wochen oder Monate für deine Webseite, sondern baue dir ein Netzwerk auf, das mit dir und für dich arbeitet! Wenn du nicht die Möglichkeit hast, direkt deine Kunden anzusprechen oder in persönlichen Kontakt zu treten, suche dir genau die Menschen, die diesen Kontakt haben. Als Beispiel: Du bist Nachhilfelehrer und möchtest dir ein Netzwerk aufbauen, dann würde ich nicht nach Kindern, sondern nach den Eltern suchen. Aber verschwende deine Zeit nicht mit Logos, Namen oder Webseiten, bring dein Schiff in Bewegung!

Erinnerst du dich, was wir über Erfolg gesagt haben? Erfolg ist *für mich*, wenn ich anderen weiterhelfen kann. Ich hatte nicht vorrangig im Sinn, Geld zu verdienen, reich zu werden oder Geschäfte zu machen. Mir hat es schon gereicht, viele Menschen kennenzulernen, sie weiterzuempfehlen, positive Spuren zu hinterlassen – und aus diesen Kontakten wiederum haben sich viele, viele Erst- und Folgeaufträge ergeben.

Deine Einstellung zum Erfolg

Meine Seminare und Onlinetrainings starten immer mit einer Art Bestandsaufnahme. Das Lebensschiff, das Mindset, ist ein wesentlicher Bestandteil aller meiner Thesen und im Grunde das Wichtigste in unser aller Leben. Wo stehst du gerade, wo willst du hin? Ein perfekt ausbalanciertes Mindset ist eine Naturgewalt, trotzt jedem Sturm und umschifft jeden Eisberg! Aber was ist jetzt das Mindset, was meine ich damit? Ich kann mir vorstellen, dass es noch verwirrend für dich klingt, dein Lebensschiff, dein Mindset – ist das dasselbe? Ja, ist es.

Das Mindset hat vier Bestandteile:

1. Mindset

Deine positive Einstellung im Kopf, Mindset steht für deine Denkweise, dafür, dass du dir Gedanken machst, von anderen Menschen Gedanken einholst, dich weiterbildest und dein Wissen auch umsetzt.

2. Heartset

Wenn du eine Sache im Herzen trägst – das können Liebe und Hingabe sein oder aber auch Hass und Wut. Heartset steht für das, woran dein Herz hängt. Was du im Herzen trägst, gibst du weiter, und es beeinflusst dein eigenes Vorwärtskommen.

3. Healthset

Wir alle haben nur diesen einen Körper und Organismus, und wir tun gut daran, auf unsere Gesundheit zu achten und sorgsam mit uns umzugehen. »Gesundheit ist nicht alles, aber ohne Gesundheit ist alles nichts!«, wie Arthur Schopenhauer sagte.

4. Soulset

Ich war lange Zeit kein besonders spiritueller Mensch, weil Spiritualität in meiner Familie einfach kein Thema war. Aber ich habe gelernt, dass jeder für seine Seele gute Dinge tun kann, die bereichernd sind und positiven Einfluss auf unseren Erfolg nehmen.

Robin Sharma hat mir dazu die Augen geöffnet, von ihm stammen die Thesen, die ich nun gern im Detail mit dir teilen und in meinen eigenen Worten wiedergeben möchte. Für mich gab es zuvor immer nur das Mindset, also meine innere Einstellung, meine positive Denkweise. Aber ich habe gelernt, dass zu einem guten Mindset alle vier Säulen gehören – Mind, Heart, Health und Soul –, ist eine davon wackelig, kommt unser Lebensschiff ins Strudeln.

Mindset

Mindset bedeutet: Was kann ich mir in meinem Kopf vorstellen? Was kann ich mir bildlich ausmalen? Alles, was du dir realistisch vorstellen kannst, ist auch möglich. Du musst mit deinem Denken nur heraus aus deiner Box, heraus aus deinem gewohnten Umfeld. Wir denken üblicherweise immer innerhalb unseres gewohnten Sicht- und Denkfeldes. Was wir nicht kennen, sehen, hören oder auch nur ahnen, können wir nicht erfassen, denken, sehen oder begreifen. Wenn du den Deckel deiner Box aufmachst, siehst du plötzlich Sachen, die in deiner Box nicht zu sehen waren.

Wenn du glaubst, du bist der Beste und Bestverdienende, dann bist du in deiner Box höchstwahrscheinlich tatsächlich der Beste und Bestverdienende. Wenn du dich dann aber aus deiner Box herausbewegst und jemanden kennenlernst, der mehr verdient als du, erfährst du, dass mehr möglich ist. Dein Denken, dein Mindset erfährt eine

Erweiterung, und du fragst dich, wieso dir das nicht auch gelingen sollte. Das Mindset kannst du gut beeinflussen, indem du Menschen findest, die erfolgreicher sind als du. Du musst dafür nicht unbedingt nach Südafrika fliegen, aber bei mir war es eben am anderen Ende der Welt, wo ich in Sachen Mindset Wesentliches dazugelernt habe. Ich dachte damals: *200.000 Euro Jahresumsatz in meiner Branche ist mega, da bist du angekommen, da musst du dir keine Gedanken mehr machen, da hast du wirklich viel erreicht.*

Kaum war ich raus aus meiner Box und in Südafrika gelandet, habe ich Menschen kennengelernt, die hatten eineinhalb Millionen Euro Jahresumsatz. Ich habe Menschen kennengelernt, die ein Vielfaches von dem verdient haben, was ich verdient habe, die aber völlig auf dem Boden geblieben sind, die heute noch mit dem Wohnmobil in Urlaub fahren, die das Geld nicht verändert hat, die mir gezeigt haben, dass es gut ist, viel Geld zu haben, weil man damit anderen Sicherheit geben kann.

Wenn du anderen helfen und Gutes tun möchtest, ist es ein Geschenk, genügend Geld zu haben, dass du darüber nicht nachdenken musst, ob du es dir leisten kannst. Egal, ob du deine Familie ernährst, deine Mitarbeiter pünktlich und gut bezahlst, etwas für deine erweiterte Familie tust. Stell dir vor, eines deiner Familienmitglieder liegt im Krankenhaus und du bist in der Lage, mit deinen finanziellen Möglichkeiten zu helfen, etwa indem du die Kosten für eine notwendige Operation in einer privaten Einrichtung übernehmen oder die teure Zahnspange für das Kind deiner Schwester, der als Alleinerzieherin der finanzielle Spielraum fehlt, bezahlen kannst.

Beim Mindset – das darf ich an dieser Stelle vorwegnehmen, wir kommen aber später noch im Detail darauf zu sprechen – darfst du niemals deinen Partner und dein soziales Umfeld vergessen. Denn wenn du für dein enges Rundherum zu schnell wächst, dann läufst du deinem Partner, deinen Freunden davon. Dein Schiff bricht plötzlich aus der Flotte aus. Alle möchten, dass du bleibst, wie du bist, sie haben Angst, du würdest dich ändern, sie fürchten sich davor, dich zu verlieren. Natürlich veränderst du dich, denn deswegen denkst du ja nach und deswegen liest du dieses Buch. Aber du musst daran denken, jene mitzunehmen, die für deine Reise wichtig sind.

Fang nicht damit an, dein Umfeld zu »bekehren«. Öffne einfach deine Box und lass die anderen hineinsehen, damit sie verstehen, was du machst und was es in deiner Box Interessantes gibt. So wird der Abstand zwischen dir, deinem Umfeld und deiner Familie nicht zu groß. Dein Umfeld hat dann auch keine Angst mehr, dich loszulassen, es zieht dich nicht runter, sondern es pusht dich im besten Fall sogar.

Mir ist wichtig, dass du dir bewusst machst, dass wir manchmal ungewollt selbst zu »Tätern« werden und andere verunsichern, am Handeln hindern, einschüchtern, beeinflussen. Und warum tun wir das? Aus denselben Gründen, aus denen das auch unser unmittelbares Umfeld macht! Die Menschen, mit denen wir in einer engen sozialen Beziehung stehen, meinen es in der Regel gut mit uns, sie wollen uns schützen, vor Enttäuschungen bewahren – und sie wollen, dass wir bleiben, sie wollen uns nicht verlieren!

Heartset

Du kennst das Gefühl bestimmt, wenn du voller Wut auf eine Regierung, eine Entscheidung, eine Person bist und in diesem toxischen Zustand gefangen bist. Du kannst nicht frei denken, du wirst immer wieder zu deiner Wut zurückkehren. Dasselbe passiert auch, wenn du verliebt bist, wenn du Schmetterlinge im Bauch hast, wenn dir warm wird, sobald du an die geliebte Person denkst. Emotionale Aufgeregtheit sorgt für geistige Windstille. Du kannst nicht mehr klar denken, die Gefühle übernehmen die Kontrolle.

Für ein gesundes Heartset ist es dennoch wichtig, auch in einer emotional bewegenden Lage – sei sie positiver oder negativer Art – eine klare Bewusstheit zu behalten und um sich herum nichts zu übersehen. Als wärst du jemand, der von außen auf dein Schiff schaut und sagt: »Hey, vielleicht überdenkst du diese Entscheidung noch einmal, weil …«

Diese Bewusstheit bringt dich bei einem Schmerzgefühl wieder in ein Gefühl der Fülle. Egal, ob du meditierst, ob du eine Woche wegfährst und nur für dich bist. Fang mit kleinen Schritten an, arbeite mit Affirmationen (bewerte Aussagen, Handlungen, Situationen positiv), mache dir Gedanken, was für dich das Wichtigste ist und wie die nächsten Schritte aussehen können. Was sind die Sachen, die dir wichtig sind, die dein Herz zum Schlagen bringen, die das Gefühl von Schwärmerei in dir auslösen? Konzentriere dich darauf. So kannst du dich schrittweise aus deinem Schmerz befreien.

Vieles sammelt sich im Lauf der Zeit in unseren Herzen an, und viele von uns vergessen dabei, dass es uns erlaubt ist, ebenso vieles auch wieder loszulassen. Vielleicht kennst du das auch?

Loszulassen ist aber wichtig, denn sonst wird es unserem Herzen zu viel, es wird zu schwer.

Bestimmt fällt auch dir jemand ein, der seit einer gefühlten Ewigkeit ein gebrochenes Herz hat und sich an nichts mehr freuen kann, weil er in seinem Schmerz gefangen ist und den Schmerz einfach nicht loslassen kann. Wer an nichts Freude hat und versucht, dieses Nichts mit Erfolg zu füllen, mit Geld möglicherweise, der wird scheitern.

Das Heartset ist unbestechlich und lässt sich von Reichtum nicht beeindrucken – nur von Herzensfülle, von positiven Erlebnissen, insgesamt von allem, was uns guttut.

Healthset

Wenn du nicht mehr gesund bist, krank im Bett liegst und keine Möglichkeit mehr hast, dich aufgrund von Sorgen, Unzufriedenheit, Übergewicht, dem Rauchen oder anderer schlechter Gewohnheiten zu entfalten, hast du dein Healthset vernachlässigt. Wenn diese wichtige Säule deines Settings zu wackeln beginnt, weil du es geschafft hast, mit 30, 40 oder 50 Jahren ein großes Unternehmen zu haben, du aber darunter zusammenbrichst, weil du jahrelang deine Gesundheit zugunsten deines Erfolgs vernachlässigt hast, dann hast du etwas verkehrt gemacht. Wenn du jahrelang einen Job gemacht hast, in dem du keine Minute glücklich warst, aber dabei richtig viel Geld verdient hast, hast du ebenfalls etwas verkehrt gemacht.

Möglicherweise musst du nun in beiden Fällen einen Großteil deines Vermögens dafür aufwenden, wieder gesund zu werden. Im schlimmsten Fall hilft dir alles Geld nicht. Wir haben nur *einen* Körper und *eine* Gesundheit, und auf die zu achten, ist geradezu eine Pflicht. Deshalb ist es im Sinne eines ausgewogenen Healthsets wichtig, sich diesbezüglich dauernd zu hinterfragen.

Ist das, was ich mache, gesund?

Gehen meine viele Arbeit und der Stress zulasten meiner Gesundheit?

Kann ich mit der vielen Arbeit in fünf Jahren ein besseres Leben führen oder mache ich mir mein Leben kaputt?

Komme ich mit weniger Geld aus, arbeite vielleicht weniger und bin dafür glücklich?

Wir müssen auf unseren Körper hören und auch zum Arzt gehen, *bevor* wir krank werden. Viele Erkrankungen spüren wir nicht oder vielleicht erst, wenn es schon zu spät ist. Vorsorge ist daher eine Pflicht, die wir ernst nehmen sollten.

Die Gesundheit ist eine Krone auf den Häuptern von Gesunden, die nur ein Kranker sieht.

ARABISCHES SPRICHWORT

Fange bitte sofort damit an, dir Gedanken zu machen, wie du es schaffst, dein Healthset genauso zu stärken und es in gleichem Umfang wachsen zu lassen wie deine drei anderen Säulen: Mindset, Heartset und Soulset.

Denke an Sport, an deine Ernährung. Eine Meditation tut nicht nur dem Herzen und der Seele gut, sondern auch deinem Körper. Vielleicht suchst du dir einen Personal Trainer oder jemanden, der deine Ernährung anpasst. Nimm dir nicht zu viel auf einmal vor, sondern mache kleine Schritte. Auch wenn du manchmal nur wenig Zeit hast, dich um dein Healthset zu kümmern, nutze sie aktiv.

Meistens erinnern wir uns nur dann an unsere Gesundheit, wenn wir krank sind oder Schmerzen haben. Wir haben nur diesen einen Körper und es ist unsere Aufgabe, auf ihn zu achten. Und nur gesund sind wir auch langfristig in der Lage, leistungsfähig zu sein und zu bleiben.

Soulset

Diese Säule war für mich lange die am schwersten greifbare. Jeder erfolgreiche Mensch hat an etwas Großes geglaubt. Elon Musk, der davon überzeugt ist, in einer Computersimulation (Matrix) zu leben, an deren Grenzen er kommen und sie aufbrechen möchte (ob er recht hat, wissen wir noch nicht). Thomas Alva Edison, der 9.000 Fehlversuche brauchte, bis seine Glühbirne erstrahlte. Dietrich Mateschitz, der an seine Idee glaubte und seinen Energydrink zum weltweit meistverkauften machte.

Sie alle waren und sind Menschen, die danach strebten, zu wachsen, auch wenn der Ansporn vorerst nichts weiter war als ein unbeirrbares Gefühl. Erfolg ist ein Gefühl!

Wenn dich etwas daran hindert, dich zu entfalten, bleibt die Säule deines Soulsets stehen und wächst nicht im gleichen Maße mit den anderen dreien mit.

Wie findest du nun in diese viel zitierte innere Mitte, dein Soulset? Du brauchst Freiraum!

Wir leben in einer Zeit, in der wir sehr viele private und berufliche Verpflichtungen haben, die sich manchmal auch nicht ganz klar voneinander trennen lassen. Dann denkst du vielleicht, du hättest heute etwas für dich getan, weil es beim Umtrunk nach dem Meeting dann ja doch noch recht gemütlich geworden ist. Oder du denkst, die zwei Stunden Social Media gehörten ja eigentlich nicht zur Arbeitszeit, obwohl du sie zu den täglichen acht Stunden obendrauf gepackt hast (dazwischen war ja keine Zeit).

Ich empfehle dir daher, deine persönlichen Auszeiten ebenso einzuplanen wie deine beruflichen Termine und wie alles, was du für deine Gesundheit tust. Sobald sich eine Lücke in deinem Terminkalender befindet, wird sie sonst früher oder später gefüllt werden.

Mein Zugang zu Seelenfragen war lange Zeit ein sehr sperriger, aber mittlerweile habe ich viele interessante Sachen probiert und war überrascht.

Vielleicht hast du auch schon Erfahrungen mit Meditieren gesammelt. Denke an den Moment, als du es zum ersten Mal ausprobiert hast. Wenn du dich noch nicht darauf eingelassen hast, würde ich dir empfehlen, es einmal zu testen, damit du weißt, wovon ich spreche.

Bei mir lief das folgendermaßen ab:

Ich saß auf dem Boden und versuchte, der Stimme zu gehorchen, die mir in einem salbungsvollen Tonfall ins Ohr säuselte: »Lass einfach los …«, »Lass deinen Atem fließen und denke an nichts …«.

Ich bemühte mich also, »einfach loszulassen« und »an nichts« zu denken, was aber nicht funktionierte, denn es kamen ständig kleine Gedankenwolken des Weges, die versuchten, mich abzulenken, und die mir einredeten, wir könnten diese Meditation ja auch sinnvoll nutzen und stattdessen die Einkaufs- oder To-do-Liste durchgehen.

Ich versuchte, standhaft zu bleiben und die kleinen Wolken zu verscheuchen. Aber es kamen immer neue, und sie fragten Sachen wie: »Hast du den Geschirrspüler ausgeräumt?«, »Hast du an den Termin für die Gesundenuntersuchung gedacht?«, »Hast du dem Brautpaar das Angebot geschickt?«

Es war ein Kampf, mich gegen diese Gedanken zu wehren, und ich kann dir sagen: Nichts, wirklich gar nichts zu denken, ist sehr viel schwerer, als es sich anhört. Aber irgendwann funktioniert es!

Dasselbe gilt auch fürs Nichtstun – auch das will gelernt sein. Viele können das nicht und tun sich dann etwa tagelang schwer, wirklich im Urlaub anzukommen – vielleicht kennst du das auch?

Deshalb behaupte ich, monatlich zwei, drei Urlaubstage einzuschieben, bringt gar nichts in Sachen Erholung. Erst nach zwei Wochen sind wir wirklich im Urlaub und im Nichtstun angekommen und können abschalten. Erst dann tritt Erholung ein.

Aber zurück zum Meditieren!

Wenn du versuchst, zu meditieren, dann ist das gut für dich und deine Gesundheit. Dein Soulset ist dazu da, loszulassen und zu regenerieren.

Wenn dir das Loslassen gelingt, ist dein Soulset gut aufgestellt. Wenn du beispielsweise in deiner Meditation bist, in den Himmel blickst und wenn da einfach nichts ist: keine Wolken, kein Blau, nichts. Oder stelle dir einen Spaziergang durch den Wald vor, einen wunderschönen, verschneiten Winterwald – wenn es dir gelingt, nichts mehr um dich herum wahrzunehmen, nur mehr deinen Gang, dein Sein zu spüren, dann kennst du den geheimnisvollen Platz, den wir die »innere Mitte« nennen.

Das Mindset baut darauf auf, dass deine Grundbedürfnisse abgedeckt sind und damit optimale Voraussetzungen geschaffen sind, an deinem Soulset zu arbeiten. Abraham

Maslow hat unsere Grundbedürfnisse eingeteilt in physiologische Bedürfnisse, Sicherheitsbedürfnisse, Sozialbedürfnisse, Anerkennung und Wertschätzung sowie in das Bedürfnis nach Selbstverwirklichung. Wie er sagt, solltest du anfangen, die wichtigsten Bedürfnisse wie ein Dach über dem Kopf als Erstes anzugehen und dann kannst du dich Schritt für Schritt nach oben arbeiten. Denn an seinem Soulset zu arbeiten, wenn dein Mindset noch nicht auf Erfolg, sondern auf Sorgen programmiert ist, wird nicht funktionieren.

Wenn du dich mit deiner inneren Mitte, mit deinem Soulset beschäftigst, wirst du in den passenden Situationen merken, dass sich etwas verändert hat, und du wirst plötzlich spüren, dass du deiner inneren Mitte immer näherkommst.

TAKE-AWAYS

✓ Commitment, Einsatz und Herzblut sind unverzichtbar für deinen Erfolg.

✓ Ist dein Mindset in Balance, ist es eine Naturgewalt!

✓ Was du im Herzen trägst (Positives oder Negatives), gibst du weiter, und es beeinflusst dein eigenes Vorwärtskommen.

✓ Pflege deinen Körper und deinen Geist!

✓ Achte auf deine Gesundheit!

Etwas anderes zu denken, größer zu denken, als das, was wir kennen, fällt den meisten von uns schwer. Unser Umfeld prägt uns, und deshalb ist es wichtig, dass du dich mit Menschen umgibst, die dich nicht festhalten, sondern mit solchen, die dir neue Perspektiven eröffnen und Inspiration und Unterstützung für dich sind.

Für mich als Fotograf, gerade einmal am Beginn meiner Selbstständigkeit, war es utopisch, eine Million Euro im Jahr umzusetzen. Als ich in Südafrika auf einem Business-Bootcamp war und jemanden kennenlernte, der das und sehr viel mehr längst geschafft hatte, war ich erst einmal sprachlos. Ich war plötzlich in einer Welt angelangt, die für mich bis dato nicht denkbar gewesen war – und ich kann dir sagen: Das war richtig cool!

Wie dein Denken und dein Mindset funktionieren, kannst du dir am besten vorstellen wie einen Wetterfrosch in einem Glas. Ein kleiner, grüner, hübscher Frosch in einem Gurkenglas. Er hat dort eine Leiter, und auf der hüpft er rauf und runter.

Das Glas ist in der Regel verschlossen, und wenn er zu hoch hüpft, wird er sich den Kopf am Deckel stoßen. Er wird schnell lernen, dass das unangenehm ist, und es fortan vermeiden, zu hoch zu springen. Er wird sich daran gewöhnen und die oberste Sprosse der Leiter als seine Grenze akzeptieren.

So baut sich eine Komfortzone auf. Leider startet das bei den meisten, nein eigentlich bei allen von uns, schon als Kind. Du kennst das doch sicher: Du spielst als Erwachsener mit einem Kind. In deiner Realität fährt ein Motorrad auf der Straße, ebenso ein Auto oder ein Bagger. In der Fantasie des Kindes dürfen die Motorräder und Bagger jedoch fliegen und hüpfen. Normalerweise sagen die Großen den Kleinen dann: »Ein Motorrad kann nicht fliegen«, oder: »Ein Bagger kann nicht hüpfen ...«.

Der Deckel kommt aufs Glas, und das Kind lernt schon früh, dass sich auch Motorräder und Bagger an die Gesetze der Schwerkraft halten müssen.

Wenn nun plötzlich der Deckel vom Glas gehoben wird, wird sich der kleine Frosch mit großer Wahrscheinlichkeit zuerst gar nicht trauen, die Leiter ganz nach oben zu hüpfen. Erst nach einiger Zeit und ganz vorsichtig wird er sich ans Ende seiner ihm bis dahin bekannten Welt wagen. Dann wird er staunen, was da draußen so los ist, und es erst gar nicht fassen können – er kennt ja nur seine kleine Wunderwelt im Gurkenglas.

Ich kann mir vorstellen, dass bei den »Masters of Dirt«-Veranstaltungen viele ehemalige Kinder unter den Zusehern waren, die als Erwachsene plötzlich gesehen haben, dass Motorräder sehr wohl fliegen können!

Im Grunde sind wir alle Wetterfrösche, und diejenigen, die den Deckel auf unser Glas drehen, tun das nicht einmal aus bösen Absichten heraus. Trotzdem, irgendwann kommen wir bei der letzten Sprosse unserer Leiter an und kommen nicht weiter. Manche von uns sind nicht dazu bereit, sich damit abzufinden, denn sie ahnen – so wie du! – dass es außerhalb dieses Glases noch etwas anderes geben muss.

Aber was ist denn außerhalb des Glases, was ist außerhalb der Box?

Viel mehr, als du ahnst!

Außerhalb der Box befindet sich zuallererst einmal das Ende der Komfortzone. Das Ende des Bereichs, in dem wir uns wohlfühlen, wo wir uns zurechtfinden und alles in- und auswendig kennen. Das hört sich gruselig an, nicht wahr? Dein Kopf stellt sich viel mehr vor, als dann eigentlich passiert. Dafür zeige ich dir später noch eine super Technik, die du in so einem Fall anwenden kannst (das Worst-Case-Szenario).

Also! Keine Ausreden mehr – raus aus dem Glas. Und

versprich mir, dass du es dir nicht zu leicht machst und beim ersten Gegenwind wieder reinhüpfst. Jemand könnte den Deckel draufschrauben und dann kann es dauern, bis sich die nächste Gelegenheit für dich ergibt, zu deiner vollen Entfaltung zu kommen.

Ich nehme als Beispiel einfach mal eine unserer Teilnehmerinnen her: Sie ist groß geworden in einer Familie, die nur aus Angestellten bestanden hat, und hat sich dann selbstständig gemacht. Sie kam zu mir mit der Aussage: »Manuel, selbstständig zu sein, lohnt sich doch gar nicht! « Als wir uns dann angeschaut haben, warum sie das gesagt hat, ist uns schnell aufgefallen, dass sie den gleichen Stundenlohn, den sie zuvor in ihrem Angestelltenverhältnis bekommen hat, in ihre Selbstständigkeit übernommen hat und damit natürlich viel zu wenig verdiente. Als ich ihr dann erzählt habe, was wir für unsere Dienstleistung verlangen und dass sie das auch kann, ist der Deckel aufgesprungen! Am leichtesten kommst du aus dem Glas raus, wenn du Menschen findest, die bereits erfolgreicher sind als du.

Das Gleiche gilt bei der Weiterbildung. Allein in dem Jahr, in dem das Buch entstand, habe ich 50.000 Euro in Weiterbildung investiert. In den ersten sieben Jahren meiner Selbstständigkeit habe ich mehr als 100.000 Euro für Fortbildung ausgegeben. Du denkst dir jetzt vielleicht »Waaaaaaas, so viel Geld?!?!«, oder aber: »Hey, habe ich auch schon!!« Ich weiß schon: Andere kaufen sich um so viel Geld ein Auto oder investieren es in den Hausbau. Jeder muss für sich entscheiden, was ihm wichtig ist. Und mir sind eben meine Weiterbildung und ständiges Lernen wichtig. Das versteht nicht jeder in meinem Umfeld, aber ich habe gelernt, mit der Skepsis der anderen umzugehen. Ich will immer wieder raus aus meiner Box, meine Grenzen verschieben, und dafür bin ich bereit, etwas zu investieren.

Schon als Kind bist du zum *Out-of-the-Box*-Denken gefordert und dazu, aus dem Glas zu springen. Du musst dich in der Schule konzentrieren, lernen, deine Hausaufgaben machen, und dann wirst du in einem Alter, in dem du nicht ansatzweise weißt, wo du hinwillst, gefragt: »So, was machst du jetzt nach dem Abitur oder Ende der Pflichtschulzeit?« Wie so oft ist es die Angst, die uns hemmt und im Weg steht. Denn was wird passieren? Du wirst auf deine erlernten Muster zurückgreifen, du wirst das machen, was dir dein Umfeld rät.

Das *Out-of-the-Box*-Denken betrifft im Übrigen nicht nur »große« Fragen, wie beispielsweise die Berufswahl, eine Kündigung und sich in die Selbstständigkeit zu wagen oder hohe Investitionen. Alles, was außerhalb unserer Box ist, ist »groß«, im Sinne von herausfordernd und unbekannt, und es kostet Überwindung, Neues zu wagen.

Kenne deine Grenzen,
akzeptiere sie aber
nicht, sondern arbeite
täglich an ihnen.

MANUEL SPORS

Ich halte es für schädlich, wenn einem unreflektiert gesagt wird: »Du kannst alles schaffen«, oder wenn du dir selbst einredest, dass »alles« möglich ist. Sich neben der Familie und zwei Jobs auf einen Marathon vorzubereiten beispielsweise. Was du dir realistisch vorstellen kannst, kannst du schaffen. Aber wenn du dich in die Sache mit dem Marathon hineindenkst, wirst du ehrlich zugeben müssen, dass mindestens ein anderer Bereich in deinem Leben zu kurz kommen wird, wenn du dich einhundertprozentig auf die Vorbereitung für den Marathon konzentrierst. Entweder die Familie oder die beiden Jobs – möglicherweise alles zusammen. Und wenn du in keinem der Bereiche in der Lage bist, einhundert Prozent zu geben, verliert die Aussage »Du kannst alles schaffen!« gleich ihre Kraft, habe ich recht?

Jede Entscheidung hat ihren Preis. Es ist immer wichtig, für sich zu definieren, was dir eine Sache wert ist. Die Box zu verlassen, hat einen Preis. Aber: Willst du es wirklich, dann schaffst du es!

Ich habe mich in meiner Box damals an den Honoraren der anderen Hochzeitsfotografen in der Region orientiert. Daran habe ich mich angepasst und war dann bei einem Preis – wie manche meiner Kollegen – von 1.000 Euro für einen ganzen Tag, inklusive Bildbearbeitung. Irgendwann fragte mich einer meiner Coaches und Wegbegleiter, weshalb ich eigentlich kein höheres Honorar für meine Arbeit verrechnen würde. Ich hatte keine bessere Antwort, als ihm zu erklären, dass das halt der Betrag wäre, den die anderen auch verlangen würden.

Die Frage meines Mentors hat mich dazu gebracht, außerhalb meiner Box zu denken. Ich habe begonnen, den Fokus vom Endprodukt wegzulenken – von den einfachen Fotos hin zu dem, was meine Kunden an Emotionen spüren, wenn sie nachher das Produkt in den Händen halten. Weg vom Materiellen hin zum Emotionalen. Und das würde ich auch jedem empfehlen: Verkaufe anstelle deines Produkts die Emotion, die mit dem Produkt zusammenhängt. Das hat mir den meisten und schnellsten Erfolg gebracht. Ich habe verstanden, dass mich und meine Arbeit etwas ganz Wesentliches von den anderen unterscheidet: meine Emotion und mein einhundertprozentiges Commitment für die Sache. Ich habe meinen Preis, und ich möchte bei einem Auftrag nicht heimlich auf die Zeit, auf die Anzahl der Bilder und auf den Bearbeitungsaufwand schielen müssen. Heute ist mein Honorar ein Vielfaches des damaligen – aber ich habe dazu jemanden gebraucht, der mir gesagt hat, ich solle doch einmal größer denken. Oft reicht es aus, jemanden zu haben, der dir einfach nur einen Gedanken mitgibt!

Erfolgreiche Menschen denken häufiger außerhalb ihrer Box als andere. Wenn du in deinem Kopf nach Lösungen suchst, bleibst du immer in deinem Kopf. Wenn du ein Problem hast, hilft dir meistens alles Nachdenken und Grübeln nichts, denn du verharrst in deinem Kopf, in deiner Box. Deshalb gibt es Berufsgruppen wie Berater, Coaches und so weiter, die dafür da sind, ihr Wissen und ihre Erfahrungen weiterzugeben und dich aus deinem festgefahrenen Denken rauszuziehen.

Du kennst das möglicherweise auch, dass du wochenlang wegen einer anstehenden Entscheidung gegrübelt hast, aber zu keiner Lösung gekommen bist. Jemand außerhalb deiner Box hat wahrscheinlich in weniger als fünf Minuten die perfekte Lösung für dich!

Teilnehmerinnen meines *Inner Circle* schildern mir häufig Situationen und Probleme, die ihnen wahnsinnig groß und schwierig erscheinen, unüberwindbar, und die ihnen Angst bereiten. Von außen betrachtet sind ihre Themen aber oft sehr überschaubar und leicht zu lösen. Sie selbst sehen das anfangs meist nicht, und es macht mich jedes Mal stolz, wenn sich über die Zeit der Zusammenarbeit ein Problembewusstsein bei ihnen breitmacht. Plötzlich erkennen sie selbst ihre Grenzen und Beschränkungen und wissen: Die muss ich jetzt überwinden. Eine banale Frage kann dein ganzes Leben verändern und einem Problem den Schrecken nehmen: »Was ist das Schlimmste, was passieren kann?«, oder: »Warum verlangst du kein höheres Honorar?« Jemand, der dein Lebensschiff aus einer anderen Perspektive betrachtet, kann dir helfen, deine Grenzen zu erkennen und zu überwinden.

Ich verrate dir an dieser Stelle eine sehr effektive Methode, aus deiner Box herauszukommen: Die meisten von uns haben ein Vorbild oder es gibt jemanden, den sie bewundern. Bestimmt fällt auch dir sofort so jemand ein.

Und nun denke dich in den Kopf dieses Menschen und frage dich:

»Was würde Barack Obama machen?«

»Was würde Superwoman tun?«

»Wie würde Steve Jobs entscheiden?«

»Was würde Angela Merkel antworten?«

Auch wenn du die Person nicht persönlich kennst, weißt du bestimmt genug über sie, um eine Antwort zu bekommen. Habe keine Scheu davor, dich an den ganz Großen zu orientieren, lerne von ihnen, denn sie erweitern deinen Horizont.

TAKE-AWAYS

✓ Orientiere dich an deinen Vorbildern – Schranken werden sich öffnen und du wirst deine Grenzen sprengen.

✓ Sei offen für Neues – probiere bewusst neue Sachen aus. Begib dich heraus aus deiner Komfortzone!

✓ Wenn du es dir vorstellen kannst, ist es auch möglich! Nicht alles ist umsetzbar, aber das, was du dir bildlich vorstellen kannst, ist definitiv möglich!

✓ Du findest Ruhe, wenn du dich davon löst, immer höher, schneller und weiter zu müssen.

✓ Frage dich, was dein Vorbild an deiner Stelle tun würde.

Das Energie-Kraken-Modell® & dein Umfeld

Oft bekomme ich mit, dass Kunden, Freunde oder Bekannte mit dem Gedanken spielen, sich selbstständig zu machen. Manche wollen es vorsichtig angehen und reduzieren erst einmal die Arbeitsstunden bei ihrem Dienstgeber, bis ihr eigenes Unternehmen auf sicheren Beinen steht. Andere gehen *all in* und wagen direkt den Schritt ins Unternehmertum. Mir fällt dabei ständig auf, wie sehr sie von ihrem Umfeld mit Einwänden, Sorgen und guten Ratschlägen gebremst werden. Vielleicht kennst du das auch, dass du ständig hinterfragt wirst und dass sich bei dir deshalb ein Gefühl der Unsicherheit breitmacht?

Nicht immer liegt die Entscheidung der optimalen Route und des ungehinderten Vorankommens bei dir allein. Manchmal kommen Hindernisse auf dich zu, oder ein Sturm zieht auf.

Das können auf dein Leben übersetzt diverseste Umstände sein, etwa Mobbing, ein Unfall oder Krankheitsfall, Beziehungsprobleme oder aber auch weltweite Krisen, auf die du keinen Einfluss nehmen kannst.

Dein Umfeld und dein Lebensschiff sind untrennbar miteinander verbunden: deine Familie, deine Freunde, Menschen, die dich vorwärtsbringen, aber auch solche, die dich hinunterziehen, dich verunsichern und bremsen. Ich nenne Letztere Energie-Kraken. Sie haben zwei Gesichter: das freundlich-fürsorglich-beschützende und das auslaugend-demotivierend-energieraubende.

Sie meinen es gut mit dir und erklären dir, warum etwas nicht gehen sollte. Um dich zu beschützen und vor Fehlern zu bewahren, warnen sie dich darum vor allem und jedem. Sie verunsichern dich und machen dir Angst, anstatt dich zu bestärken und zu motivieren. Sie wollen nur dein Bestes, aber sie ziehen dich runter, sie halten dich fest und lassen dich nicht wachsen.

In ihrem Verhalten sind Energie-Kraken mehr oder weniger gleich, aber ihre Motive unterscheiden sich voneinander. Sie sind immer freundlich und geben sich dir gegenüber wohlwollend. Aber mit ihren Einwänden, Warnungen und vielleicht auch subtil negativen Bemerkungen haben sie nichts Gutes im Sinn. Sie wollen dich bewusst und mit voller Absicht vom Erfolg abhalten. Neid und Missgunst sind häufig die Antriebsfedern für das Verhalten dieser destruktiven und demotivierenden Energie-Kraken. Aber auch Egoismus. Sie wollen, dass du bei ihnen bleibst und sich nichts ändert. Dabei ist es ihnen egal, ob die Situation gerade gut ist oder schlecht – Energie-Kraken sind nicht daran interessiert, etwas zum Positiven zu verändern.

Die Gemeinsamkeit, die sie vereint, ist, dass sie sich an deinem Schiffsrumpf festsaugen, dich hemmen und am Vorankommen und Weiterentwickeln hindern.

Sieht nicht nach jemandem aus, den du gern auf deinem Schiff haben und mit auf die Reise nehmen möchtest, stimmt's? Die schlechte Nachricht ist leider, dass auch du ganz bestimmt Energie-Kraken in deinem Leben hast!

Der Wind stimmt, die Route ist klar, aber es gibt in unserem Leben Menschen, Aufgaben oder Situationen, die uns zurückhalten, uns Energie rauben und die nicht gut sind für uns. Wenn du aufhörst, sie weiter mitzuziehen, ist es auf der Stelle leichter, in Bewegung zu kommen. Das gilt auch für deine Selbstständigkeit und die Verwirklichung deines persönlichen 9:3-Modells. Mit sehr großer Wahrscheinlichkeit fallen auch dir sofort Menschen in deinem Leben ein, die immer wieder versuchen, dich festzuhalten, und die sich an dir festsaugen. Möglicherweise hast du deine Gedanken und dein Vorhaben, weniger zu arbeiten und intensiver zu leben, schon mit anderen geteilt und Unverständnis geerntet? »Drei Monate Urlaub im Jahr – wie soll sich denn das finanziell ausgehen?«, »Typisch! Die jungen Leute wollen sich nicht mehr anstrengen …«, »Da wirst du dich aber sehr einschränken müssen, wenn du drei Monate im Jahr am Abfeiern bist!« Glaube mir, ich kenne Killersätze wie diese, und ich weiß, was sie mit dir anstellen können (wenn du es zulässt)!

Viele sind nicht einmal dann bereit, etwas zu ändern, wenn es ihnen richtig schlecht geht in ihrem Leben. Viele Menschen stehen sich selbst im Weg – sie möchten leiden, sie brauchen das. Von außen betrachtet ist das absurd. Jemand ist beispielsweise unglücklich in seiner Partnerschaft, der Partner ändert sich aber nicht, und trotzdem fehlt der Mut, selbst eine Entscheidung zu treffen, etwa sich zu trennen. Oder vielleicht kennst auch du jemanden, dessen Unternehmen nicht richtig läuft, der sich aber trotzdem von früh bis spät abrackert, auf alles Schöne in seinem Leben verzichtet und beharrlich an seiner Geschäftsidee festhält. Was hält ihn davon ab, innezuhalten, herauszufinden, was nicht richtig läuft, und zuzulassen, dass er möglicherweise etwas ändern muss?

Energie-Kraken haben kein Interesse an Lösungen!

Um voranzukommen, müssen wir Hinderungsgründe überwinden – denn solche wird es immer wieder geben – und uns auf die Frage konzentrieren, wie wir etwas *trotz* aller Hindernisse schaffen können. Der Grundstein für diese Fähigkeit wird schon in unserer Kindheit gelegt – oder auch nicht.

Kinder sind etwas Wundervolles! Sie leben, träumen und denken nicht nach, ob etwas möglich ist oder nicht. An diesen »Leichtsinn« sollten wir uns immer wieder erinnern und ihm manchmal einfach nachgeben. Für ein Kind kann ein Motorrad fliegen, aber was bekommt es von den Erwachsenen zu hören? »Schatz, das Motorrad kann nicht fliegen, das fährt am Boden!« Erwachsene meinen das nicht böse, sie wollen ihrem Kind die Welt erklären, wie sie nun einmal ist. Für ein Kind kann ein Hase sprechen, aber was erklären ihnen die Großen? »Ein Hase kann nicht sprechen!« Wir beschränken unsere Kinder in ihrem eigenen Glauben, weil wir erwachsen sind und meinen, schlauer zu sein als sie.

Vielleicht kennst du den Film »Das Streben nach Glück«? Nimm dir doch kurz die Zeit, dir diese bewegende Filmszene anzusehen. Hier der Link:

https://www.youtube.com/watch?v=aib0R72b9Nk
(zuletzt abgerufen am 20. Dezember 2022)

Falls du gerade nicht die Möglichkeit hast, dir das Video anzusehen, hier eine kurze Zusammenfassung – aber bitte, schau es dir bei Gelegenheit an, die Atmosphäre in dieser Filmszene ist wirklich unbeschreiblich bewegend und magisch.

Ein Junge spielt mit seinem Vater Basketball auf einem Dach über New York City.

Der Kleine spielt motiviert, dem Vater geht es nicht gut, ihn plagen Existenzsorgen.

Der Kleine wirft und trifft.

Junge: »Siehst du! Ich werde Profi!«

Papa: »Ich weiß nicht so recht … du wirst vielleicht mal so gut wie ich, und ich war nur unterer Durchschnitt – ich hab's auch zu nichts gebracht – ich will nicht, dass du Tag und Nacht mit dem Ball durch die Gegend rennst …«

Stille.

Bis auf den Lärm des Lebens unten in den Straßen von New York.

Der Kleine ist auf einen Schlag traurig und packt den Ball weg.

Stille.

Papa (denkt nach, hält inne und es trifft ihn sichtlich, dass er seinem Sohn soeben seinen Traum von einer Basketballkarriere genommen hat): »Lass dir von niemandem jemals einreden, dass du etwas nicht kannst. Auch nicht von mir, okay?«

Junge (verwirrt, aber sichtlich erleichtert): »Okay …«

Papa: »Wenn du einen Traum hast, musst du ihn beschützen. Wenn andere etwas nicht können, wollen sie dir immer einreden, dass du es auch nicht kannst. Wenn du etwas willst, dann mach es, basta!«

Vor allem, wenn unterschiedliche Generationen aufeinandertreffen, kann die Kluft der verschiedenen Lebensentwürfe und Werte besonders deutlich werden. Eltern, Großeltern, Urgroßeltern, Tanten und Paten – sie alle sind älter und reicher an Erfahrungen. Sie möchten nicht, dass wir ihre Fehler wiederholen. Es geht aber nicht, jemanden sein ganzes Leben lang vor vermeintlichen Fehlern zu bewahren. Das ist dann kein Leben, das ist Stillstand. Etwas auszuprobieren, vielleicht zu scheitern, aber sehr viel wahrscheinlicher auch erfolgreich zu sein – so fühlt sich Leben an!! Auch dein Umfeld versucht wahrscheinlich, dir aufzuzeigen und dir Dogmen aufzuzwingen, was für dich möglich ist. Wenn du selbst nicht daran glauben kannst, erfolgreicher oder glücklicher zu sein, als du jetzt bist, wirst du das auch nicht schaffen!

Der Grundstein für diesen Glauben an uns wird in unserer Kindheit gelegt – oder aber er wird uns genommen. Die gute Nachricht ist, dass wir uns diesen Glauben wieder zurückerobern können. Schritt für Schritt, und ich zeige dir, wie das geht.

Energie-Kraken erkennen und aussortieren

Ich hatte als Kind drei Selbstständige in meinem näheren Umfeld, und mir war lange Zeit nicht bewusst, wie sehr sie mich geprägt haben. Fast mein ganzes Leben lang war ich mit ihren Verhaltensweisen konfrontiert, die mich unbewusst verunsichert und gehemmt haben, mutig und beherzt meinen Träumen zu folgen.

Bestimmt kennst auch du Menschen, die prinzipiell jede Idee und jeden Rat ablehnen. Das ist sehr menschlich und verständlich, denn Menschen mögen in der Regel Veränderungen nicht besonders, und deshalb lehnen sie sie ab. Es erscheint vielen das Sicherste und Bequemste zu sein.

Bei Teilnehmerinnen in meinem *Inner Circle* stelle ich diese Haltung auch manchmal fest: Sie lehnen meine Ideen zuerst einmal ab. Deshalb implementieren wir Veränderungen auch immer langsam, schrittweise, nie zu viel auf einmal. Dann sehen sie, dass es funktioniert, und stehen den Veränderungen, die noch anstehen, sofort positiv gegenüber.

»Drei Monate Urlaub im Jahr, wie soll denn das gehen?!« Stimmt, das klingt auf den ersten Blick unglaublich. Aber denken wir es einmal gemeinsam durch! Wenn du als Selbstständiger drei Wochen im Monat richtig Gas gibst, ist eine Woche Urlaub im Monat doch realistisch und klingt nicht mehr ganz so unmöglich, oder? Umgerechnet auf ein ganzes Jahr kommst du so auf drei Monate Urlaub. Und mit den richtigen Hacks und Tools, der richtigen Struktur und dem richtigen Mindset bedeuten die drei Wochen Gas zu geben auch nicht automatisch 24/7 Gas zu geben und rackern zu müssen. Denn klar, dann brauchst du fix eine Woche Urlaub im Monat, weil du völlig ausgepumpt bist.

Als Kind denkst du, du kannst alles. Erst unser Umfeld zeigt uns Grenzen auf, häufig auch solche, von denen es lediglich denkt, dass sie existieren, etwa: »Das mit der Selbstständigkeit hat bei mir schon nicht funktioniert, also musst du nicht auch denselben Fehler machen.« Deine Familie möchte dich immer nur beschützen und du wirst bestimmt auch Sätze kennen wie diese:

»Sei glücklich mit dem, was du hast!«

»Warum willst du immer mehr?«

»Was machst du denn schon wieder auf einem Seminar?«

Gegen diese Fragen können wir uns meistens noch gut wehren und uns erklären. Schwieriger wird es dann schon bei Schwerkarätern wie diesen:

»Wie kommst du auf die Idee, dass du damit Geld verdienen kannst? Da gibt es doch schon 500 in der Branche ...«

»Da sind schon wesentlich Größere gescheitert, als du es bist ...«

»Ach, das haben schon viele geglaubt, dass das mit dem Reichwerden klappt ...«

»Bitte, bleib in deinem Job, das ist viel sicherer als die Selbstständigkeit ...«

»Was ist, wenn du scheiterst?«

Bei Sätzen wie diesen gehen dir leicht einmal die Argumente aus (zumindest bei mir war es so) und du wirst müde, dich und deine Pläne ständig verteidigen zu müssen. An diesem Punkt werden 80 Prozent unserer Träume zu Grabe getragen.

Vielleicht kennst auch du dieses Sprichwort: »Du bist der Durchschnitt jener fünf Menschen, mit denen du die meiste Zeit verbringst.« Ich sage sogar: Du bist der Durchschnitt der fünf Dinge, mit denen du die meiste Zeit verbringst. Egal, ob das Personen, Nachrichten oder Bücher sind. Wenn du viel Zeit mit deinen Vorbildern verbringst – auf Social Media oder mit ihren Büchern – fühlst du dich ihnen nahe. Diese Nähe macht es dir möglich, von ihnen zu lernen.

Jeder von uns hat Vorbilder, als Kind sind das für uns zumeist die Eltern. Wenn wir später nicht explizit die Entscheidung treffen, anders zu werden, ist durch das Vorleben der Eltern und engsten Bezugspersonen praktisch vorgegeben, dass wir so werden wie sie. Wir gleichen uns in bestimmten Eigenschaften und Verhaltensweisen an. Einem Kind bleibt anfangs auch gar nichts anderes übrig. Es lernt von seinem Umfeld und ahmt es nach. Die Alternative, sich andere Vorbilder zu suchen und sich an ihnen zu orientieren, eröffnet sich erst sehr viel später.

Schon in unserer frühen Kindheit beginnt sich unser Mindset auszuprägen und mit der Zeit zu verfestigen (ich verwende den Begriff Mindset als Überbegriff für alle vier der Säulen: Mindset, Heartset, Healthset und Soulset). Ist Gesundheit und Bewegung ein wichtiges Thema in deiner Familie gewesen, so wird das auch im Erwachsenenalter für dich Bedeutung haben. Spielten esoterische, religiöse oder naturheilkundliche Themen in deiner Familie überhaupt keine Rolle, so wirst du später einflussbezogen bewusst dafür oder dagegen entscheiden, dich diesen Sachen zu widmen.

> In der Schule bekommst du eine Lektion und darüber dann einen Test. Im Leben bekommst du einen Test und lernst dann hoffentlich deine Lektion.

Manuel Spors

Wenn du dieses Zitat auf dich wirken lässt, wird dir noch viel klarer, weshalb es unsere Pflicht und so unendlich wichtig ist, unsere Kinder in ihrer Fantasie nicht einzuschränken und ihnen nicht von klein auf schon ihre Grenzen aufzuzeigen.

Wenn du täglich bewusst jene Menschen »konsumierst«, die dich motivieren und voranbringen, wenn du darauf fokussierst, was du erreichen möchtest, wie du sein willst, was du sein willst – dann wirkt sich das positiv auf dich und dein Mindset aus, und dann wirst du erreichen, was du dir vorgenommen hast.

Du musst auf jene blicken, die erfolgreich und positive Vorbilder für dich sind. Wenn du immer das Negative vor Augen hast, wird es dich bewusst oder unbewusst davon abhalten, dich aus deiner Komfortzone herauszubewegen und dich zu trauen, Neues zu wagen und deinen Träumen zu folgen. Vielleicht verstehst du nun immer mehr, weshalb es so wichtig ist, dir das richtige Umfeld anzueignen.

»Wie *eigne* ich mir ein Umfeld an?«, wirst du dich jetzt fragen. Im Grunde ist das ganz einfach. Aus meiner Erfahrung heraus gibt es zwei Möglichkeiten.

1. Du lernst neue Menschen kennen, und zwar solche, die dort sind, wo du gern hinmöchtest. An ihnen orientierst du dich.

2. Du nimmst Geld in die Hand und kaufst dir positives Know-how und positive Vorbilder zu. Das mit dem Zukaufen klingt aufs Erste möglicherweise ein wenig befremdlich, aber nicht alle optimalen Vorbilder sind auch welche, die du so ohne Weiteres bei einem Stadtspaziergang triffst. Daher: Investiere in Weiterbildung, Seminare, Vorträge, Coachings.

Du bist der Durchschnitt der fünf Menschen und Dinge, mit denen du die meiste Zeit verbringst!

Bitte hole dir das laufend ins Bewusstsein!

Wie fühlt sich das an für dich, wenn du sie in Gedanken herbeiholst? Welche Menschen sind das, und welche Dinge sind das?

Sind sie alle gut für dich und dein Vorwärtskommen?

Meistens hast du in deinem Umfeld neben deinen Eltern Menschen, mit denen zusammen du aufgewachsen bist. Sie gehören zu dir, seit du denken kannst. Bei näherem Hinsehen wirst du möglicherweise feststellen, dass der eine oder andere dir nicht (mehr) als Vorbild dienen kann. Das bedeutet nicht, dass du mit diesen Menschen keine Zeit mehr verbringen sollst. Aber wenn du deinen Durchschnitt nach oben heben möchtest, solltest du jenen Vorbildern und Masterminds mehr Raum geben, die dich vorwärtsbringen.

Wer oder was auch immer in deinem Leben deine meiste Zeit beansprucht, bringt dich entweder vorwärts oder zieht dich nach unten und hält dich fest. Mache dir Gedanken über dein Umfeld und jene Menschen, die dich am meisten beeinflussen, egal in welche Richtung: hin zu oder weg von. Das ist ein sehr wichtiger Schritt auf deinem Weg zu 9:3!

Die wenigsten von uns erkennen Energie-Kraken in ihrem Umfeld auf den ersten Blick. So machst du etwa am Sonntagnachmittag einen Familienbesuch oder schaust bei Freunden vorbei, verbringst dort kaum drei Stunden und bist beim Nachhausekommen fix und fertig, ausgelaugt und hast keine Energie mehr. Hoffentlich aber kennst du auch Menschen, die du nur kurz triffst – und schon fühlst du dich danach vollständig aufgeladen.

Der Gedanke, dass du zum Teil von Menschen umgeben bist, die dich aussaugen, dich hindern, dich hemmen, gleichzeitig aber nur dein Bestes und dich vor negativen Erfahrungen schützen wollen, ist schwer zu fassen. Es ist aber wichtig, dass du verstehst, dass du diese Gedanken zulassen darfst und für dich die Entscheidung treffen darfst, dir jemanden *nicht* als Vorbild zu nehmen. Du musst deine Entscheidung nicht als Annonce in der landesweit größten Tageszeitung schalten – du darfst sie einfach nur für dich treffen und deine weitere Vorgehensweise, beruflich wie privat, daraus ableiten. So habe ich das auch gemacht und es hat mein Verhältnis zu den negativen Vorbildern in meinem engen Umfeld in keiner Weise verschlechtert, im Gegenteil. Heute kann ich mit ihnen Zeit verbringen, ohne mich danach schlecht zu fühlen – ich habe verstanden, worum es geht und gelernt, mich abzugrenzen.

Energie-Kraken der anderen Art

In meinem Energie-Kraken-Modell® spreche ich aber nicht nur von Menschen, denn auch andere Einflüsse von außen können dir Energie aussaugen! Social Media hat bekanntlich nicht nur positive Seiten. Wer aktiv einen Social-Media-Account betreibt, dort seine Meinung kundtut, seine Angebote reinstellt oder Beiträge gestaltet, weiß: Es gibt immer wieder Leute, die mit dem Absetzen negativer Botschaften Energie absaugen. Manchmal erstellen sie Kommentare, die überhaupt nichts mit dir zu tun haben – irgendwelche Botschaften, mit denen sie deinen Content torpedieren. Es beschäftigt dich. Du denkst darüber nach, und manchmal musst du vielleicht auch eingreifen und Kommentare oder dergleichen löschen. Ich empfehle dir auch, bewusst darüber nachzudenken, ob du selbst ausreichend positiven Content konsumierst oder ob möglicherweise das Negative überwiegt. Stelle deine Filter entsprechend scharf, um vorwiegend Positives in deine Accounts zu lassen und deinen Medienkonsum ganz bewusst hinsichtlich negativer Inhalte zu reduzieren.

Ich habe beispielsweise seit Jahren keine Nachrichten mehr gelesen oder gesehen. Was wichtig ist, kommt zu mir, und alles andere hat nichts mit mir zu tun. Das mag auf den ersten Blick ignorant klingen, und selbstverständlich bin ich über das Wichtigste innerhalb des Weltgeschehens informiert. Aber ich muss beispielsweise nicht die stündlich aktualisierte Opferzahl eines Erdbebens kennen und ich muss auch nicht über jedes schreckliche Detail einer Massenkarambolage informiert sein.

Ist dir das auch schon einmal aufgefallen? Maximal am Heiligen Abend bieten die Nachrichten freiwillig Positiveness an: Da wird über die vielen Tonnen Müll berichtet, die im vergangenen Jahr aus den Weltmeeren gefischt wurden, und wie viel Geld wieder für wohltätige Zwecke gespendet wurde. Noch vor Mitternacht hören wir aber schon wieder, wie viele Weihnachtsbäume und Adventkränze abgebrannt sind und wie oft die Feuerwehr am Weihnachtsabend ausrücken musste.

Was bringt es dir, wenn du das weißt? Was bringt es dir, wenn du weißt, dass ein Mitglied der Bundesregierung es vor dreißig Jahren mit der Steuererklärung oder mit der Diplomarbeit nicht so genau genommen hat? Warum regen wir uns darüber auf? Mit den Konsequenzen muss derjenige jetzt selbst zurechtkommen, und das ist gut so. Was bringt es dir, zu wissen, wie alt die Toten am heutigen Tag in einem Krieg oder bei einem Anschlag irgendwo auf der Welt waren? Jeder Krieg ist schlimm und jeder Tote ist einer zu viel. Aber was bringt es dir, wenn du weißt, dass ein Biber einen Jogger in den Hintern gebissen hat und das nur ein Mal alle tausend Jahre vorkommt. Willst du jetzt mit dem Laufen aufhören?

Negativität schürt Angst, und Angst ist ein schlechter Motivator.

Angst hemmt uns. Mein Papa hat mir immer geraten, so lange wie möglich in meinem sicheren Hafen zu bleiben. Er wollte mich davor schützen, dass ich mich wo hineinstürze und eine Pleite baue. Offen gesprochen, hätte mir das natürlich passieren können. Aber wenn ich die Negativbeispiele in Sachen Unternehmertum in meinem engen Umfeld heranziehe, dann stelle ich fest, dass ihre Vorsicht und ihr Verharren in alten Strukturen sie auch nicht weitergebracht hat, im Gegenteil.

Drei von ihnen haben mir geradezu Angst gemacht, selbst Unternehmer zu werden!

Der Erste ist mit seiner Selbstständigkeit gescheitert, weil er schlechte Berater und kein Umfeld hatte, das er sich zum Vorbild hätte nehmen können. Er hatte nur Angestellte, aber niemanden, der ihm im unternehmerischen Denken voraus war und ihm als Vorbild und Motivator hätte dienen können. Bei seinem Steuer- und seinem Unternehmensberater hatte der Betrieb aufgrund der geringen Größe auch keinen hohen Stellenwert. So war erst relativ spät klar, dass es in die völlig falsche Richtung ging, und ich rückblickend sagen muss, dass er einfach falsch beraten worden war. Oberflächlichkeit und mangelnder Fokus der gutbezahlten Experten, aber auch seine eigene Beratungsresistenz waren letztendlich eine sehr toxische Kombination.

Es ist irgendwie nicht verwunderlich, dass er lange Zeit jedem in der Familie davon abgeraten hat, sich selbstständig zu machen. Dabei hätte er so viel aus diesem Scheitern lernen können! Kritisch analysieren und reflektieren, wo die Fehler gelegen sind und was er übersehen hat. Herauszufinden, wo der eigene Beitrag für den Misserfolg gelegen hat. Und all das Wissen und die Erkenntnisse weiterzugeben, damit andere nicht dieselben Fehler machen!

Ich habe aus seinem Fehlschlag beispielsweise gelernt, wie wichtig es ist, seine Berater sehr sorgsam auszuwählen. Manche Kanzleien und Beratungsunternehmen haben schon so eine Dimension erreicht, dass die kleineren Kunden dort oft nicht mehr den Stellenwert und die intensive Betreuung bekommen können, die ein Start-up unbedingt braucht. Manche Neu-Unternehmer schrecken auch die Kosten für Steuer- und Beratungsdienstleistungen ab. Ich kann nur sagen: Wenn Zahlen, Steuerfragen und die Buchhaltung nicht zu deinen absoluten Leidenschaften gehören, und wenn du das nicht wirklich gut kannst, dann ist das der falsche Ort zum Sparen! Meine Steuerberaterin ist selbstständige Unternehmerin und nimmt sich für ihre Klienten viel Zeit – auch für die vermeintlichen Kleinigkeiten. Sie weiß, was es bedeutet und was es braucht, ein Unternehmen zum Laufen zu bringen.

Die Zweite im Bunde derjenigen, die mir meinen Schritt ins Unternehmertum nicht leicht gemacht haben, stellt sich noch heute bei jeder kleinen und sinnvollen Veränderung an ihrem Geschäftsmodell quer. Sie weigert sich standhaft, auch nur an irgendeiner kleinen Schraube in ihrem Unternehmen zu drehen. Dabei läuft es mehr schlecht als recht! Bei ihr funktionieren all die vorgeschlagenen Veränderungen nicht, die anderen stellen sich das so einfach vor und haben keine Ahnung von ihrem Geschäftsfeld, sagt sie in einer Dauerschleife. Ihr Selbstmitleid ist ihr Hauptproblem. Niemand versteht ihr Business und deshalb kann ihr auch niemand helfen, sagt sie. Die Kunden, so scheint es, verstehen ihr Angebot und ihr Geschäftsmodell ebenfalls nicht – und deshalb bleiben sie aus. In der Welt meiner Bekannten ist es so, dass es an allen anderen und den äußeren Umständen liegt – nicht etwa an ihr! –, dass ihr Unternehmen nicht und nicht ins Laufen kommt.

Obwohl in ihrem Glas, in ihrer Box, das Unternehmerleben *richtig* miserabel ist, denkt sie überhaupt nicht daran, auch nur ein Mal die Leiter hochzuklettern und nachzusehen, ob da überhaupt noch ein Deckel drauf ist. Der Gedanke, draußen einmal nachzusehen, ob da jemand ist, der ihr helfen kann, oder ob da draußen vielleicht irgendwelche guten Ideen herumschwirren, die sie inspirieren könnten und die sie sich abschauen könnte, kommt ihr überhaupt nicht in den Sinn. Stattdessen ignoriert sie die Leiter, rennt ständig gegen das Glas, stößt sich wieder und wieder den Kopf und ist auf die Welt außerhalb des Glases beleidigt.

Der Dritte im Kreis meiner Negativvorbilder in Sachen Unternehmertum war ebenfalls beratungsresistent und sah es als Schwäche an, sich Hilfe von außen zu holen, selbst als es schon wirklich eng war. Er hat sein Leben lang zu viel, zu lang und ohne Pause gearbeitet, ohne dass jemals richtiger Erfolg dabei herausgekommen wäre. Erfolg definiert ja bekanntlich jeder anders – möglicherweise gilt er für andere erfolgreich, einfach schon deshalb, weil er Unternehmer ist. Aber wenn ich mir ansehe, wie schlecht es ihm in seinem Hamsterrad geht und wie er sich für nichts und wieder nichts abrackert, dann würde ich persönlich nicht von Erfolg sprechen. Seit 40 Jahren macht er dasselbe und verzichtet auf jegliche Vermarktung und darauf, die Einzigartigkeit seiner Arbeit herauszustellen und sichtbar zu machen. Er kommt nicht weg von diesem Dogma »selbst und ständig«, macht alles selbst, von A bis Z. Das Geschäftsfeld, in dem er tätig ist, hat sich in den vergangenen Jahren und Jahrzehnten extrem gewandelt. Große Anbieter sind hinzugekommen, die Preislandschaft ist eine völlig andere geworden, und die kleinen Betriebe in diesem Bereich mussten sich etwas einfallen lassen, um zu überleben. Viele haben es nicht geschafft, andere wiederum sehr gut. Letztere haben erkannt, dass sie sich auf ihre Kernkompetenzen konzentrieren müssen und darauf, nicht durch das Angebot »der Großen« austauschbar und plötzlich unattraktiv zu sein. Sie haben ausgelagert und/oder zugekauft, was nicht zu ihrem Kerngeschäft gehört, und sich auf das Wichtige konzentriert. Nur, weil etwas vor langer Zeit recht passabel funktioniert hat, heißt das nicht, dass das so bleiben wird. Die einzige Konstante in unser aller Leben ist die Veränderung, und der musst du dich als Unternehmer täglich stellen und nicht erst, wenn es schon zu spät ist.

Notwendige Veränderungen rechtzeitig zu erkennen

und umzusetzen, ist etwas sehr Wesentliches im Unternehmertum. »Selbst und ständig« ist ein überholter Glaubenssatz, den jeder Unternehmer und jeder, der sich selbstständig machen will, für immer aus seinem Kopf verbannen sollte. Das stimmt nämlich nicht, und so sollte das auch nicht sein, denn dann ist auf deinem Lebensschiff irgendetwas nicht in Ordnung, und du musst schnell herausfinden, was das ist und welche Bereiche des Schiffes davon betroffen sind!

Je länger ich – damals noch in der Eventfotografie und in meinem sicheren Job fleißig rudernd – mit den Negativvorbildern in meinem Leben sprach, desto madiger wurde mir die Selbstständigkeit gemacht. Ich fühlte mich regelmäßig nach unten gezogen. Deshalb möchte ich dir explizit davon abraten, dich zu intensiv mit den negativen Einflüssen in deinem Umfeld zu beschäftigen. Du brauchst Menschen, die dich bestärken.

Ich bin überzeugt davon, dass die drei Negativvorbilder in meinem Umfeld heute mit einem sehr viel besseren und vielleicht sogar einem Gefühl des Erfolgreich-Seins auf ihre Selbstständigkeit blicken könnten, hätten sie sich um ein positiveres und besser ausgebildetes Umfeld gekümmert und sich mit Menschen beschäftigt, die erfolgreicher waren als sie selbst.

Deine Geschichte und die Geschichte deines Umfelds sind unterschiedliche. Du allein schreibst deine Geschichte!

Ich bitte dich, innezuhalten und dir viel Zeit dafür zu nehmen, über dein Umfeld nachzudenken. Wer oder was sind deine fünf Menschen und deine fünf Dinge, mit denen du die meiste Zeit deines Lebens verbringst? Was tun sie für dich?

Gibt es bei ehrlicher Betrachtung etwas oder jemanden, von dem du dich lösen solltest?

Dein Umfeld hält alles für dich bereit, was über Erfolg oder Niederlage entscheidet, das ist ein sehr wichtiger Punkt, über den du immer wieder aufs Neue nachdenken solltest! Denn Menschen wie Dinge kommen und gehen auf der Reise unseres Lebens und dürfen einer regelmäßigen Bestandsaufnahme unterzogen werden.

Wenn Menschen über Bord gehen

Wenn du dir dein Leben auf einem Diagramm vorstellst, die Wellen im Leben, die Motivation einmal oben und einmal unten, und dazu die Entwicklung der Menschen aus deinem Umfeld betrachtest, dann wirst du feststellen, dass eure Linien nicht parallel, geschweige denn übereinander verlaufen. Bei manchen ist der Abstand zu dir größer als bei anderen.

Vielleicht hast du jemanden an deiner Seite, der sich so gut wie nie mit dir gemeinsam über deinen Fortschritt, deine Ziele und Ideen unterhält – dann wird der Abstand irgendwann so groß, dass der Kontakt abreißt. Beziehungen zerbrechen, Partner leben sich auseinander, Freunde streiten und gehen getrennte Wege. Das passiert. Aber ich möchte dich bitten, nicht jeden mit einem Funken Negativität oder Skepsis deinen Vorhaben gegenüber sofort aus deinem Leben zu werfen. Das ist nicht notwendig. Denn meistens geht es nur darum, dass die anderen einfach noch nicht mit an Bord gekommen sind. Du bist zu schnell, sie bleiben zurück. Wenn jemand nicht mitkommen möchte, ist das legitim. Wenn du jemanden nicht mitnehmen möchtest, ebenso. Es gehört aber auch zu deinen Verpflichtungen als Kapitän, dass du diese individuelle Entscheidung konsequent triffst, beziehungsweise sicherstellst, dass andere mitkommen können, falls sie das möchten. Es gehört zu deinen Verpflichtungen als Kapitän deines Lebensschiffs, dass du beispielsweise deinen Partner fragst: »Darf ich dir erzählen, was ich im Seminar heute Spannendes gelernt habe?«, dass du deine Eltern wissen lässt: »Ich weiß, ihr seid skeptisch, aber ich möchte es trotzdem probieren!«, oder: »Ich habe eine andere Vorstellung vom Leben als ihr. Ich möchte leben und nicht bis 70 in einem Job sitzen, den ich nicht mag.«

Ich war früher jemand, der von Seminar zu Seminar gesprungen ist und immer neue Impulse haben wollte. Das ist aus heutiger Sicht etwas, das ich dir nicht empfehle, denn aus eigener Erfahrung weiß ich, dass du nicht in die Umsetzung kommen wirst, wenn schon wieder das nächste Seminar, der nächste Kurs ansteht. Ich habe zwar jedes Mal fleißig mitgeschrieben, aber nichts davon umgesetzt. Heute mache ich es so – und diese Vorgehensweise lege ich auch dir ans Herz –, dass ich ein Seminar, einen Vortrag oder einen Kurs absolviere und dann Schritt für Schritt umsetze, was ich gelernt habe. Regelmäßiges Reflektieren ist wichtig, und du musst ehrlich sein zu dir selbst, wenn es um die Frage geht: Habe ich etwas Gelerntes wirklich umgesetzt, gelingt es mir immer oder nur manchmal, und ist es wirklich schon an der Zeit, etwas Neues in Sachen Weiterbildung anzufangen?

Ich habe anfangs meine Frau überredet, mich zu begleiten, denn ich wollte unbedingt, dass sie auch lernt, was ich lerne. Auch das würde ich heute nicht mehr so machen. Es kann schiefgehen, wenn du jemanden zu etwas überredest. Du musst in erster Linie selbst einmal alle deine Eindrücke sortieren und erst dann solltest du überhaupt mit anderen darüber reden.

Langsamkeit und Achtsamkeit sind der Schlüssel, denn nur so kannst du sicherstellen, dass du deinem Umfeld, deiner Flotte nicht davonfährst und sie verlierst.

Was auch immer du weißt und wovon du denkst, dass dieses Wissen wichtig ist für die Besatzung deines Schiffs oder die Mitglieder deiner Flotte und letztendlich euer gemeinsames Vorwärtskommen, du musst es langsam und schrittweise weitergeben. Und du musst immer wieder sicherstellen, dass alle in die Umsetzung kommen oder ins Verständnis, je nachdem, worum es geht.

Lass andere, lass dein Umfeld teilhaben an dem, was du Neues erfahren hast, versuche aber nicht, die Menschen zu »bekehren«. Bitte nicht: »Du musst das auch ausprobieren!« Du kannst stattdessen zum Beispiel sagen: »Ich habe ein super Buch gelesen und sehr viel daraus gelernt – möchtest du es auch lesen?«, und schon wird die Lücke zwischen euch wieder kleiner. Und noch etwas Wichtiges: Sei nicht beleidigt oder enttäuscht, wenn andere sich nicht sofort für dasselbe interessieren wie du. Das darf sein, das ist völlig legitim! Gib ihnen Zeit und stell dir immer wieder die Frage, ob ihr noch auf gleicher Höhe segelt oder ob sich jemand abzukapseln beginnt. Dann gilt es zu entscheiden, ob jemand möglicherweise zum Energie-Kraken geworden ist und ob es nicht besser wäre, seine Saugnäpfe von deinem Schiffsrumpf zu lösen.

Das ist weitaus weniger radikal als es hier vielleicht aufs Erste klingt! Die Kluft zwischen uns und unseren Großeltern ist meistens riesig. Ich erinnere mich an eine Geburtstagskarte meiner Großmutter, auf der stand: »Bleib wie du bist!« Ich habe sie an Ort und Stelle zerrissen. Meine Großmutter hat die Welt nicht mehr verstanden, und mich schon gar nicht. Zu bleiben, wie du bist, bedeutet doch, dass du dich in den Augen des anderen nicht entwickeln darfst, dass du nicht wachsen sollst – das ist doch nichts, was man jemandem wünschen kann, oder was denkst du? Meine Großmutter hat das nicht böse gemeint und später auch verstanden, was ich mit meiner Reaktion ausdrücken wollte. Oft ist die Kluft zwischen Menschen einfach groß, und oft reicht es auch schon aus, dass du das weißt und dass es dir bewusst ist.

Das ist auch ein großes Thema in unserer 9:3-Bewegung. Ältere Generationen verstehen häufig nicht, dass Unabhängigkeit, Freiheit, Selbstbestimmung für uns so wichtige Werte sind, und dass wir dafür gern bereit sind, auf etwas zu verzichten. Der neue Luxus ist Verzicht geworden. Und dieser Verzicht birgt nicht etwa Kargheit oder Armut, sondern Freiheit und ein erfolgreiches Vereinbaren von Arbeit und Freizeit.

Vielleicht hast auch du einen Freund oder einen älteren Verwandten, der dich seit Kindertagen kennt. Er hat dich aufwachsen gesehen. Du erzählst ihm, dass du dich umorientieren, etwas Neues wagen, dich selbstständig machen willst, weil du einfach mehr möchtest als das, was das Leben derzeit für dich im Angebot hat. Er sagt: »Wieso denn das, das brauchst du doch gar nicht, außerdem hast du jetzt schon kaum noch Zeit für dich selbst, oder dass wir uns regelmäßig sehen!« Ihr kennt euch ewig, ihr vertraut einander. Aber plötzlich stellst du fest, dass du aufgehört hast, mit ihm über deine Träume zu sprechen, und das spürt er natürlich. Er wird nicht absichtlich zum Energie-Kraken, das ist hier wichtig zu betonen. Er hat nur Angst, dich zu verlieren.

An so einem Punkt empfehle ich Abstand. Distanz schafft Nähe.

Eine Teilnehmerin meines *Inner Circles* hatte entschieden, sich selbstständig zu machen. Ihre Familie war skeptisch, machte sich Sorgen (»Wozu das ganze Risiko?«, »Was machst du, wenn du scheiterst?«), und meine Teilnehmerin hatte bei Familientreffen ständig das Gefühl, nicht mehr in den Familienverbund zu gehören, seit sie Unternehmerin geworden war. Oft weinte sie bei der Heimfahrt, und es ging ihr jedes Mal richtig schlecht. »Schuster, bleib bei deinen Leisten« lautete eines der Familiendogmen, und ihr Umfeld ließ sie spüren, dass ein Ausscheren aus den Familientraditionen nicht gern gesehen war.

Irgendwann kam der Punkt, an dem sie spürte, dass sich der Gedanke, Abstand zu nehmen, gut anfühlte. Sie nahm Abstand. Sie hörte auf, sich zu verteidigen und sich zu erklären, sondern machte ihr Ding. Und sie hat das ihrer Familie gegenüber sehr wertschätzend kommuniziert: »Ich habe keine Zeit, denn ich mache dieses oder jenes …« Distanz schafft Nähe. Das lernte ihre Familie, die die reduzierte Zeit bald schon nicht mehr dafür nutzte, ihr Vorwürfe zu machen und ihre Ablehnung zu zeigen. Erst recht nicht, als sie sahen, wie erfolgreich sie mit ihrer Selbstständigkeit war.

Abstand zu nehmen, bedeutet nicht automatisch einen Bruch in einer Beziehung. Abstand kann sehr heilsam sein und negative Energie aus dem Geschehen nehmen. Wahrscheinlich kennst du auch Situationen, in die du dich immer wieder hineinbegibst und schon im Vorhinein weißt, dass es dir nachher schlecht geht. Familientreffen, bei denen du dich nicht verstanden fühlst. Freunde, die dir vorwerfen, dass du so wenig Zeit für sie hast, anstatt die vorhandene Zeit zu nutzen. Nimm Abstand, schaffe Distanz. Nicht du bist das Problem, sondern die anderen.

In Beziehungen – Familie, Freunde, Beruf – kann es immer wieder zu dem Punkt kommen, wo die Lücke zwischen dir und anderen zu groß ist. Es ist im Grunde ein ständiges Abwägen. Meine Teilnehmerin hat heute ein gut laufendes Unternehmen und bereits einige geringfügig Beschäftigte. Heute ist es so, dass in ihrer Familie alle sagen: »Haben wir doch gewusst, dass du das hinkriegst!« Heute fühlt sie sich wieder wohler im Kreis ihrer Familie, und sie fühlt sich akzeptiert und gesehen.

Vielleicht kennst auch du das Gefühl, dass du im Kreis bestimmter Menschen nicht wirklich du selbst bist. Du fühlst dich nicht wohl, du fühlst dich nicht akzeptiert, musst dich ständig erklären und verteidigen. Auch eine Rolle zu spielen, kostet Kraft. Oft verliebt man sich in Erinnerungen, hält an Freundschaft fest, weil es früher so schön war. Jeder muss für sich entscheiden, ob er Beziehungen weiterführt oder nicht – hier gibt es nur selten ein eindeutiges Richtig oder Falsch. Reisende soll man nicht aufhalten, heißt es, und das gilt auch für dich. Du hast verdient, dass dein Umfeld dich segeln lässt, aber auch, dass du dabei nicht allein bist. Du darfst dir deine Besatzung selbst aussuchen und dir deine eigene Flotte zusammenstellen. Du wirst spüren, wie leicht plötzlich alles wird, wenn du dich von den Energie-Kraken auf deinem Schiff verabschiedest.

Ich gebe dir nun einen Leitfaden an die Hand, wie du es schaffst, dir dein ideales Umfeld zu gestalten:

1. Hole Kapitäne und Leader in dein Leben

Um dich nach oben zu hieven, brauchst du Menschen, die dich hochziehen. Ich bin davon überzeugt, dass jeder von uns so ein Vorbild, so eine Spiritfigur braucht. Jemanden, an dem er sich kurz festhalten und orientieren kann. Wer Glück hat, kennt so jemanden im realen Leben, aber manchmal reicht schon die Vorstellungskraft und der Gedanke an unser großes Vorbild.

Ich habe 2018 angefangen, starke Kapitäne in mein Leben zu holen. Ich war auf zwei verschiedenen Seminaren und habe dort jeweils einen Menschen kennengelernt, der mich inspiriert hat und in dem ich etwas gesehen habe. Wir beraten mittlerweile gegenseitig kostenlos unsere Unternehmen und entscheiden gemeinsam darüber, was wer tut. Wir kennen die Unternehmen der jeweils anderen in- und auswendig und tauschen uns seit 2018 einmal in der Woche aus. Einmal im Jahr treffen wir uns irgendwo auf der Welt offline. Die beiden sind zu den wertvollsten Kontakten in meinem Leben geworden. Und nicht nur das. Aus Geschäftspartnern sind Freunde geworden, die ich mir aus meinem Leben nicht mehr wegdenken möchte!

2. Gehe auf Seminare und gönne dir ein Coaching

Geh auf ein Seminar. Von jedem Seminar oder Vortrag wirst du neue Impulse mitnehmen und so viele neue Menschen kennenlernen, dass du direkt beim Hinausgehen ein stärkeres Mindset, eine gestärkte Persönlichkeit haben wirst. Ich nehme von jedem Seminar einen positiven Drive mit! Hole dir das Buch des Vortragenden, lass es dir signieren und nutze die Momente, um ein paar Sätze mit dem Speaker zu wechseln. In einem Buch versucht ein Mensch, sein Wissen weiterzugeben. Meist findest du in einem Buch die jahrzehntelange Erfahrung, das gesammelte Wissen eines inspirierenden Menschen. Deshalb sind Bücher so wertvoll.

Wie du das richtige Seminar für dich findest, die richtige Weiterbildung? Das ist sehr verschieden. Ich gehe beispielsweise nicht vorrangig auf ein Seminar, um Input zu kriegen, sondern ich will immer wissen: wer macht das Seminar, wer ist der Vortragende, insbesondere, seit ich selbst als Berater und Speaker tätig bin.

Nimm dir einfach die Zeit und sieh dir ein paar Menschen an, die etwas in dir auslösen und die etwas zu deinem jeweiligen Interessensgebiet anbieten. Recherchiere dazu in den sozialen Medien, im Internet, in Magazinen. Durchforste Angebote für Onlinekurse zu deinem Thema. Sieh dir den Vortragenden an. Ist er dir auf Anhieb sympathisch? Ist die Webseite cool? Dann geh hin oder buche einen Onlinekurs. Geh zu deinem Bücherregal. Hast du dir schon Bücher zu deinem Thema geholt? Vielleicht hast du nicht das ganze Buch gelesen, aber du hast ein gutes Gefühl, wenn du dir vorstellst, den Autor kennenzulernen – dann geh hin, höre und sieh ihn dir an. Social Media ist kostenlos, ein Buch ist erschwinglich, ein Seminar in jedem Fall den Einsatz wert, denn du wirst nicht nichts mitnehmen, das kann ich aus Erfahrung sagen. Und wenn du begeistert bist nach dem Seminar – lass dich von diesem tollen Menschen beraten oder coachen!

3. Knüpfe Kontakte und halte sie aufrecht

So schaffst du dir deine eigene Flotte. Für viele ist Kontakteknüpfen eine Aufgabe, die sie nicht mögen. Aber das ist im Grunde das, wovon sich ein Business am Leben hält beziehungsweise zum Leben erweckt wird. Wenn du in ein Netzwerk eingeladen wirst (Lions Club, Rotarier …), kommt häufig das Gefühl auf *Oje, da kommt Arbeit auf mich zu.* Aber aus Kontakten ergeben sich Empfehlungen und daraus Aufträge für dein Unternehmen.

Vielleicht kommt die eine oder andere Einladung auf dich zu und eventuell auch die Möglichkeit, einen kurzen Vortrag vor den Mitglieder zu halten. Nimm dir die Zeit, denn sie ist ein Geschenk! Nutze sie möglichst produktiv. Hau dich rein bei deiner Rede und nimm möglichst viele Visitenkarten mit. Nimm dir vor, dass jeder Anwesende eine Visitenkarte von dir mit nach Hause nehmen muss, und lass dir umgekehrt ebenfalls eine Karte oder die Kontaktdaten geben. Arbeite sie danach der Reihe nach durch: »Cool, dass wir uns kennengelernt haben – vielleicht ergibt sich bald die Gelegenheit für eine Zusammenarbeit, das würde mich freuen!«

Das kostet nichts, außer ein wenig Zeit, und ich kann wiederum aus eigener Erfahrung sagen: Es ist ein minimaler Aufwand im Vergleich zu dem, was dabei herauskommen kann!

4. Um die richtigen Menschen in dein Leben zu lassen, musst du die falschen loslassen

Wer loslässt, hat beide Hände frei für Neues, heißt es. Vielleicht kannst auch du diesem Satz etwas abgewinnen.

TAKE-AWAYS

- ✓ Du bist der Durchschnitt der fünf Menschen und der fünf Dinge, mit denen du die meiste Zeit verbringst und mit denen du dich am meisten beschäftigst!

- ✓ Sorge für ein positives Umfeld und lerne, Energie-Kraken zu identifizieren!

- ✓ Lass die richtigen Menschen in dein Leben und lass die falschen los!

- ✓ Vergiss bei deiner Reise nicht darauf, dein Umfeld teilhaben zu lassen. Aber »bekehre« niemanden!

- ✓ Negativität schürt Angst, und Angst ist ein schlechter Motivator!

Dein innerer Kompass – Aktiviere dein Bewusstsein!

In dieses Kapitel möchte ich gern mit einer Geschichte starten.

Ein großes Unternehmen sucht einen Top-Kommunikationsspezialisten und ist weltweit bekannt dafür, nur die Besten der Besten zu engagieren. Dafür bietet das Unternehmen eine Bezahlung, die fünfmal über jener der Konkurrenzunternehmen liegt.

Ein Mann geht zum Vorstellungsgespräch, betritt motiviert den Raum und trifft dort auf fünfzig weitere Bewerber.

Alle warten und sind angespannt, denn bei fünfzig Konkurrenten sinkt natürlich die Chance, den Job zu bekommen. Alle fünf Minuten öffnet sich die linke Tür im Raum, einer nach dem anderen wird aufgerufen, der jeweilige Kandidat tritt ein und die Türe schließt sich wieder. Im Nebenraum hämmert irgendetwas unheimlich laut, und das Hämmern ist das einzige Geräusch, das im Raum der wartenden Bewerber zu hören ist, die angespannt dasitzen und kein Wort miteinander wechseln. Das Hämmern ist so laut, dass es mit der Zeit anfängt, zu nerven.

Einer der Kandidaten steht plötzlich auf, geht zu der rechten Tür, klopft dreimal kräftig an, ruft »Ich bin bereit!« und tritt ein. Nach zwei Minuten geht die Tür auf, der Konzernvorstand und Leiter des Bewerbungsverfahrens blickt in die Runde und sagt: »Die Position ist vergeben, Sie können alle gehen, vielen Dank für Ihr Interesse!«

Ein Raunen geht durch den Raum, und jemand stellt frustriert fest: »War ja klar, Frechheit siegt wieder einmal!«

Der Konzernvorstand hört das und sagt: »Ich suche einen Spezialisten, jemanden, der hört, was andere nicht hören ... das Hämmern ...«, fährt er fort, »... welches Sie die ganze Zeit über gestört hat, kam nicht von einer Baustelle, sondern von einem meiner Mitarbeiter, der Ihnen allen mit einem Hammer in Morsezeichen mitgeteilt hat: Gehen Sie zur rechten Tür, klopfen Sie dreimal, lassen Sie uns wissen, dass Sie bereit sind, treten Sie ein und Sie haben den Job.«

Mit meiner Entscheidung, als Experte für Business-Performance (bei der ich Unternehmen helfe, in weniger Zeit mehr zu erreichen, klare Ziele zu definieren und motiviert dranzubleiben) Menschen wie dir meine Erfahrungen weiterzugeben, haben sich auch für mich Türen geöffnet, die mir ohne meinen inneren Kompass verborgen geblieben wären. Mein innerer Kompass hilft mir, meine Aufmerksamkeit in die richtigen Bahnen zu lenken. Wer aufmerksam durch das Leben geht, sieht Dinge, die andere nicht sehen können. Bestimmt kennst du das Gefühl, wenn du dich für ein neues Auto oder ein neues Mobiltelefon interessierst: Plötzlich fällt dir überall »dein« Telefon auf oder du siehst »dein« Auto, meistens auch noch mit »deiner« Ausstattung und in »deiner« Farbe. Dasselbe gilt auch für deine Chancen und deine Möglichkeiten – du musst sie nur sehen!

Ich hatte leider nicht das Glück, Spiritualität vermittelt zu bekommen. Ich bin traditionell und konservativ erzogen worden, meine Eltern sind Anhänger der Schulmedizin und eher rational. Bis vor einiger Zeit konnte ich mich schwer auf Spirituelles einlassen, und mich mit meinem Soulset zu befassen, war eine echte Herausforderung für mich.

Dabei ist es eine unendliche Bereicherung, wenn du dich traust, Türen zu öffnen, hinter die du bisher noch nicht geblickt hast. Ich durfte in den letzten Jahren viel lernen und möchte dich dazu ermuntern, dich ebenfalls auf Neues und Unbekanntes einzulassen. Erinnerst du dich, was ich über die Lücken zwischen dir und Menschen aus deinem Umfeld gesagt habe? Dasselbe gilt umgekehrt auch für dich. Wenn jemand aus deinem Umfeld sich beispielsweise mit Human Design, Kartenlegen oder Horoskopen beschäftigt, und dir derjenige wichtig ist, dann kann es nicht schaden, das einmal auszuprobieren. Dann verstehst du vielleicht, dass es kein Humbug ist, womit sich der andere da beschäftigt, und du kannst gewiss das eine oder andere für dich lernen und mitnehmen. Und sollte es so sein, dass du zur Erkenntnis kommst: »Na gut, das brauche ich jetzt nicht« oder »Damit kann ich rein gar nichts anfangen«, dann ist das ja auch eine Erkenntnis, die du gewonnen hast!

Jedenfalls durfte ich in den letzten Jahren viel lernen und kann sagen, dass alles, was ich ausprobiert habe, meinen inneren Kompass weiter aktiviert und gestärkt hat. Die Menschen, mit denen ich arbeite, sind Esoterischem gegenüber unterschiedlich offen, manche mehr, manche weniger. Wenn ich merke, dass sich jemand dem Thema völlig verschließt, rege ich bewusst dazu an, weil ich diese Haltung von mir kenne und weiß, dass ich heute ohne diese neuen Erfahrungen nicht wäre, wo ich bin.

Aufgrund der Prägung durch dein Umfeld befindest du dich in gewisser Art in einem Nebel. Du siehst nicht wirklich, was sich hinter diesem Nebel verbirgt, hin und wieder blinzeln Sonnenstrahlen durch oder es zeigen sich Sachen, die dir unbekannt sind und die du nicht verstehst.

Als ich erstmals vom sogenannten Human Design gehört und entschieden habe, mich darauf einzulassen, habe ich so etwas wie Handlesen erwartet. Beim Human Design wird aber mit Kanälen und Chakren gearbeitet. Die Idee dahinter ist, dass jeder von uns, je nachdem, wie sich die Sterne und Gestirne zum Zeitpunkt unserer Geburt zueinander gestaltet haben, Türen und Tore in sich trägt, die es zu öffnen gilt. Ohne die Human-Design-Erfahrung hätte ich vermutlich noch nicht so klar und deutlich gesehen, dass ich als Berater arbeiten will und auf die Bühne möchte. Dort hätte ich mich vermutlich erst in ein paar Jahren gesehen.

Wenn du das aber von jemandem hörst, der dich nicht kennt, und der dir sagt, wofür du geschaffen bist, welche Möglichkeiten dir offenstehen, und du genau spürst: Das stimmt!, dann ist das eine wirklich beeindruckende Erfahrung. Sobald du deine Aufmerksamkeit in die richtige Richtung lenkst, findest du zu deiner Bestimmung. Dinge wie Geld und Ruhm werden dann zweitrangig.

Erfolg ist ein Gefühl, erinnerst du dich? Und zu wissen, wohin wir müssen, wo unsere Bestimmung liegt, ist ebenfalls eine Frage der Aufmerksamkeit, des Spürens, des Aktivierens unseres inneren Kompasses. Je mehr du ihn benutzt, desto mehr kannst du dich auf ihn verlassen. Oft höre ich von anderen, dass mir die Sachen »zufallen«. Ich bin aber nicht da, wo ich jetzt bin, weil ich mich aufs Universum verlassen habe und gewartet habe, dass mir die Dinge passieren, sondern im Gegenteil – weil ich mutig war, nicht in erster Linie ans Geld gedacht habe, ständig versucht habe, mein Bestes zu geben, und zuallererst an andere gedacht habe und mir überlegt habe, wie ich ihnen helfen kann.

Wenn du ein Ziel vor Augen hast, sollte dein Ansporn niemals das Geld sein – du kannst darauf vertrauen, dass das Geld von ganz allein kommt. Ich arbeite nicht des Geldes wegen, sondern für meine Überzeugung. Wenn du als Angestellter für ein Unternehmen arbeitest, dann arbeitest du für die Überzeugung des Unternehmens – tust du das nur des Geldes wegen, bist du vermutlich nicht der beste Mitarbeiter. Es ist wichtig, Geld als zweitrangig zu betrachten, andernfalls wirst du dich nicht entsprechend deiner wahren Möglichkeiten entwickeln und wachsen können.

Wohin und worauf du deinen Fokus richtest, hängt sehr eng mit deinen Werten zusammen. Was brauchst du im Leben, wie definierst du Erfolg? Musst du unbedingt 8.000 Euro im Monat verdienen, kannst du ohne das sündteure Auto nicht leben? Oder wäre es vielleicht sogar schöner, weniger zu verdienen, und dafür zu lieben, was du tust?

Du wirst dich jetzt vielleicht fragen, wie du zu diesen Antworten kommst und wie du herausfinden kannst, was deine Werte sind und worauf du deinen Fokus richten sollst. Ich stelle dir auf den nächsten Seiten ein richtig cooles Tool dafür vor und ich zeige dir anhand meiner eigenen Werteliste, wie du es anwendest.

Dein äußerer Kompass – Lass uns deine Werte finden!

Dein Schiff braucht ein Ziel, privat wie beruflich. Um nicht sinnlos umherzuirren, brauchst du einen Kompass, der dich sicher ans Ziel bringt. Das ist der Sinn deiner Werte, deines Kompasses, und gibt dir automatisch eine klare Richtung vor. Wenn auf der Route Probleme auftauchen, Eisberge oder andere Hindernisse, dann kannst du sie umfahren und weißt immer, wie es weitergeht. Ein gewöhnlicher Kompass hat eine einzige Nadel, die immer nach Norden zeigt.

Unser Kompass hat drei Nadeln:

1. Nadel : Der Sinn

Deine Mission muss einen Sinn ergeben!

Wenn du einer Mission, einem Ziel nur wegen des Geldes nachläufst, kommst du früher oder später an einen Punkt, an dem du bemerkst, dass immer noch mehr Geld dich nicht glücklicher und zufriedener macht. Geld und Reichtum eröffnen dir Möglichkeiten, Sinn zu stiften und Sinnvolles zu tun. Wenn das der Grund für dich ist, viel Geld zu verdienen, dann macht das Sinn, aber bitte vergiss dabei nicht, auch regelmäßig etwas *für dich* zu tun!

Ein Handeln ohne dahinterliegenden Sinn bleibt ohne Erfüllung und voller Leere. Erfolg ist für jeden etwas anderes, aber ohne Sinn schenkt auch der größte individuelle Erfolg kein Glück und keine Zufriedenheit. Wenn du etwas von Herzen gern machst, etwas *für jemanden* oder *für etwas* machst, nur wenn dein Tun mit Sinn aufgeladen ist, wirst du erfolgreich sein.

Deshalb ist es mir so wichtig, dass du dir genau überlegt hast und genau weißt, was Erfolg für dich bedeutet und welchen Sinn er erfüllen soll!

2. Nadel: Der Weg

Der Weg auf deiner Reise muss dir Freude machen, er darf auch einmal anstrengend sein, er soll dich aber nicht einschränken und nicht überfordern.

Der Weg sollte dein eigentliches Ziel sein, und deshalb ist es so wichtig, dass dir der Weg Freude macht. Dass du liebst, was du machst und es sich nicht immer wie Arbeit anfühlt. Gestalte deinen Weg so, dass er zu dir und zu deinem Lebensstil passt. Richtig! Auch der Weg muss zu dir passen!

In einem Kernstück meines Buches zeige ich dir sehr ausführlich, wie du mit meiner Ziel-Insel-Methode® deinen Weg so gestalten kannst, dass er dir all das bietet: Richtung, Orientierung, Freude, Herausforderungen, Erfolgserlebnisse und viele kleine Inseln, die es zu entdecken gibt.

3. Nadel: Das Ziel

Das jeweilige Ziel muss auf möglichst wenigen Umwegen erreichbar und immer vor deinen Augen sein. Wie das geht, zeige ich dir etwas später ebenfalls im Detail mit meiner Ziel-Insel-Methode®. Wenn du deinen Weg mit meiner Methode bestimmst und vorausplanst, kennst du immer den nächsten Schritt. Da gibt es kein verwirrtes oder nicht upgedatetes Navigationssystem, das dir dreinquatscht und dich in die falsche Richtung oder nicht befahrbare Gewässer führt.

Ein wichtiger Schritt, bevor du die Ziel-Insel-Methode® anwenden kannst, ist, dass wir deine Werte herausfinden. Wer seine Werte kennt, hat es nicht schwer, den Sinn in seinem Tun und den genau passenden Weg zu seinen Zielen zu finden.

Jeder Mensch hat Werte, aber die meisten haben sich noch nie bewusst mit ihnen auseinandergesetzt und folgen ihnen im besten Fall unbewusst. Viele leben ein Leben, das ihren Werten eigentlich entgegensteht. Wir haben über Vorbilder gesprochen und darüber, dass wir stark von unserem engsten Umfeld geprägt werden. Nicht umsonst heißt es oft: »Du wirst deinem Vater immer ähnlicher« oder »Du bist genau wie deine Mutter«. Wir sind uns unserer Prägungen meistens nicht bewusst und übernehmen mit den Verhaltensweisen auch unbemerkt die Werte, die uns von unserem Umfeld vorgelebt werden.

Deine Werte sind ein weiterer Dreh- und Angelpunkt für deinen Erfolg. Wenn du weißt, dass dein Wert nicht Ruhm ist, sondern Freiheit, dann musst du deinen Fokus zu einhundert Prozent darauf richten, nach diesem Wert zu leben. Wenn Freiheit dein Wert ist, könntest du dir beispielsweise einen Job suchen, bei dem du dir deine Zeit frei einteilen kannst oder du nicht mehr Vollzeit arbeitest – das geht, weil du weißt, dass nicht Geld dein Wert ist, sondern eben Freiheit.

In meinem *Inner Circle* war eine Teilnehmerin, die wahnsinnig viel gearbeitet hat und eine sehr hohe Position in ihrem Unternehmen innehatte. Ihr Fokus war immer darauf ausgerichtet, noch mehr zu verdienen. Sie war umgeben von teuren Dingen, insbesondere, weil sie auch einen Freundeskreis hatte, in dem Geld und Statussymbole wie Luxustaschen, Schmuck und Autos einen sehr hohen Stellenwert hatten. Für mein Gefühl entsprach das überhaupt nicht ihrem Wesen und ihrem Typ.

Sie hatte alles, was man sich bei oberflächlicher Betrachtung wünschen konnte, aber sie war nicht glücklich. Wir haben im Lauf unserer Zusammenarbeit ihre Werte ausgearbeitet und festgestellt, dass sie ein Leben führte, das ihre wahren Werte völlig außer Acht ließ. Für sie war beispielsweise wichtig, dass sie dreimal im Jahr Urlaub machen und etwas Neues sehen konnte. Um diesem Wunsch nachzukommen, hätte sie allerdings ihre Arbeitszeit reduzieren müssen und sie hätte sich nicht mehr monatlich eine neue Handtasche leisten könnte (was ihr allerdings völlig egal war, wie wir herausgefunden haben).

Wir sind nach wie vor in Kontakt, und deshalb weiß ich, dass sie aus ihrem früheren Freundeskreis heute kaum noch jemanden trifft. Sie arbeitet jetzt weniger und hat viel mehr Freizeit, die sie zum Reisen nutzt. Seit sie mehr Zeit für ihren Partner hat, hat sich die Beziehung der beiden enorm verbessert. Sie genießen die gemeinsamen Unternehmungen, streiten kaum noch, weil plötzlich die Zeit da ist, Anstehendes gleich miteinander zu bereden. Sie ist sichtlich entspannter, nicht mehr gestresst und demotiviert, wenn sie von der Arbeit nach Hause kommt. Das »nur«, weil sie sich mit ihrem Wertefundament auseinandergesetzt und festgestellt hat, dass sie ein Leben geführt hat, das ihre wahren Werte völlig ignoriert hat – und weil sie letztendlich auch den Mut hatte, das zu ändern.

Hoffentlich bist du jetzt neugierig geworden und gespannt darauf, deine Werte herauszufinden oder zu sehen, ob du richtig liegst mit deinem Gefühl, was deine Werte sind. Dann machen wir jetzt eine Übung!

Auf der folgenden Doppelseite findest du etwas mehr als 100 Wörter. Schnapp dir etwas zum Schreiben. Nimm dir Zeit, gehe die Wörter durch, von vorne bis hinten. Unterstreiche im ersten Schritt jedes Wort, bei dem du das Gefühl hast, »das bin ich« oder »das Wort löst etwas Positives in mir aus« oder »das möchte ich« (nicht einkreisen, das brauchen wir später noch!).

Mach dir, bevor du startest und wenn du magst, ein paar Kopien von dieser Doppelseite. Dann kannst du diese Werteübung irgendwann einmal wiederholen und sehen, ob sich etwas verändert oder verschoben hat!

Du wirst wahrscheinlich 20 oder 30 Wörter markiert haben, richtig? Das sind aus meiner Erfahrung zu viele, weil man die gar nicht visualisieren kann. Für mich habe ich neun als gute Zahl gefunden und mich auf neun beschränkt. Deshalb überlege dir nun genau, welche deine Top Neun sind. Lass die markierten Wörter gegeneinander antreten und überlege dir, was dir beispielsweise wichtiger ist: »Familie« oder »Weiterbildung«.

Welches übertrifft den Wert des anderen, mit welchem kannst du dich mehr identifizieren?

Kreise das »wichtigere« Wort ein!

Übrig bleiben also neun Wörter.

Sie sind nicht einfach nur Wörter, sondern sie sind Werte.

Deine Werte.

Kombiniere diese Werte mit Bildern und suche dir Bilder zu dem jeweiligen Wert. Hänge sie an die Wand, damit du deine Werte täglich vor Augen hast.

Denn diese Werte geben deinem Schiff eine Richtung vor und bewahren dich vor falschen Entscheidungen. Gern teile ich meine Werte mit dir, so lernst du mich wieder ein Stück besser kennen.

1. Familie bedeutet für mich meine Frau und ich. Und Hund. Und sicher irgendwann ein Kind. Das ist das größte Bild auf meinem Werteboard, weil es für mich das persönlich wichtigste ist, und du solltest dir auch eine Nummer Eins raussuchen, deinen Kernwert.

2. Weiterbildung bedeutet für mich lebenslanges Lernen. Ich bin Schüler des Lebens, bei mir gibt es kein Ende.

3. Dienen heißt für mich, für andere da zu sein. Ich möchte nicht *mehr* Materielles, sondern ich möchte anderen helfen und mein Wissen weitergeben. Egal ob in Beratungen, Vorträgen oder in diesem Buch: Ich teile mein Wissen.

4. Charity bedeutet für mich, Gutes zu hinterlassen. Ich spreche ehrenamtlich in Schulen, Vereinen und dergleichen darüber, was Selbstständigkeit bedeutet, und ich spreche über Mobbing und meine eigenen Erfahrungen damit.

5. 80/20-Regel – Effektivität: 80 Prozent unserer Zeit verschwenden wir eigentlich für Dinge, die nur 20 Prozent bringen, und 20 Prozent der Dinge, die wir tun, bringen uns 80 Prozent des Erfolgs. Daher konzentrieren wir

uns in Zukunft auf diese 20 Prozent. Alles so einfach und unkompliziert zu machen und in weniger Zeit mehr zu erreichen, effektiver zu sein, ist ein wichtiger Wert für mich.

6. Freiheit: Ich will frei sein und verreisen, wann ich möchte. Ich will nicht gebunden sein aufgrund finanzieller oder sonstiger Sorgen, ich will unbeschwert sein und keine übermäßig hohen Schulden oder Ängste haben.

7. Reisen: Mir ist wichtig, nicht immer nur an einem Ort zu sein, und jeder Tapetenwechsel stellt sicher, dass ich regelmäßig meine Box verlasse.

8. Freizeit bedeutet für mich, nicht mehr alles selbst und ständig zu machen, sondern Aufgaben abzugeben.

9. Keine Kunden, sondern Freunde – und das bedeutet für mich eben nicht, Aufträge abzuarbeiten, sondern das zu tun, was ich von Herzen liebe.

Nimm gern meine Werteliste als Beispiel und überlege dir dann anhand deiner Top Neun, was diese nun im Einzelnen für dich und dein Leben bedeuten.

Einmal angenommen, »Freiheit« ist ein Wert, den auch du teilst, dann ist beispielsweise in Bezug auf einen Unternehmensstandort schon klar, dass du einen flexiblen Standort brauchst oder ein Angestelltenverhältnis vermutlich nicht das richtige ist für dich. Wenn dein Wert »Familie« ist, dann weißt du, warum du den Wochenendauftrag nicht annimmst und keine Sekunde über den Verdienstentgang nachdenken musst. Wenn dein Wert »Zuverlässigkeit« ist und du einen Geschäftspartner hast, der diesen Wert permanent verletzt, dann weißt du, dass du über die Geschäftsbeziehung und eine mögliche Trennung nachdenken musst.

TAKE-AWAYS

✓ Dein Kompass sollte nach Sinn, Weg und Ziel ausgerichtet sein.

✓ Werte schützen dich und dein Unternehmen.

✓ Du musst deine Werte kennen, sonst kann es passieren, dass du ein Leben gegen deine eigenen Werte lebst.

✓ Wenn du deinen inneren Kompass richtig einstellst, findest du Wege, die du vorher gar nicht gesehen hast.

Das sinkende Schiff – Dein *Worst-Case-Szenario*

»Oh nein, wir drohen, zu sinken!!!«

Jetzt kommt zur Rettung aus der Seenot eine meiner Lieblingstechniken!

Angst ist zuerst einmal ein gutes Zeichen, denn sie zwingt dich dazu, deine Komfortzone zu verlassen und gibt dir die Chance, über dich hinauszuwachsen. Wenn die Angst kommt, vermeide sie nicht, sondern stelle dir das Schlimmste vor, das passieren könnte. Denn die meisten Menschen denken immer nur bis zur Angst, aber nie über die Angst hinaus. Stell dir vor, was passieren würde, wenn das Schiff wirklich sinkt. Die klassische Frage: Was wäre, wenn?

Denn meist ist die schlimmste Situation gar nicht so schlimm, und du hast sogar eine Lösung dafür. Nur leider lähmt uns die Angst, und gemeinsam werden wir diese Angst jetzt los.

Suche dir für das *Worst-Case*-Szenario am besten einen Sparringspartner. Jemanden, der ehrlich ist zu dir und idealerweise auch ein Vorbild für dich ist. Du kannst dir die Fragen auch selbst stellen und für dich beantworten, aber da besteht die Gefahr, dass du etwas übersiehst, etwa wenn du in einem Gedankenkarussell gefangen bist, wie eine Teilnehmerin aus meinem *Inner Circle*:

Sie war damals Angestellte im Bankwesen und verheiratet, ein sehr ruhiges Wesen.

Ihr Plan war, zu kündigen und sich selbstständig zu machen. Sie hatte aber die Befürchtung, ihr Chef würde ihr in ihrer Kündigungsfrist das Leben zur Hölle machen.

Also haben wir gemeinsam das *Worst-Case*-Szenario durchgespielt, und es kam zu folgendem Dialog:

»Worum geht es, wovor hast du Angst?«

»Ich habe Angst, zu kündigen.«

»Wovor genau hast du Angst?«

»Ich habe Angst, dass der Chef mir die verbleibenden drei Monate zur Hölle macht.«

»Was passiert, wenn er dir tatsächlich die Zeit zur Hölle macht?«

(Langes Nachdenken.)

»Nun ja, dann muss ich die drei Monate eben durchstehen.«

»Was wäre, wenn du noch drei Jahre in diesem
Unternehmen arbeiten müsstest?«

»Dann wäre ich drei Jahre todunglücklich
und unzufrieden, müsste jeden Tag einen Job
machen, der mich frustriert und ginge jeden
Abend heulend ins Bett.«

»Was ist nun das Schlimmste,
was passieren kann?«

»Er macht mir die verbleibende
Zeit zur Hölle.«

»Wie könntest du dich dagegen wehren,
wenn er das tatsächlich macht?«

»Ich könnte mich bei der Personalleitung und
bei seinem Vorgesetzten beschweren,
die würden das auf keinen Fall dulden,
dass er mich schikaniert.«

»Wie sieht es aus, wenn alles gut läuft?«

»Mein Vorgesetzter nimmt meine Kündigung
zur Kenntnis, bedauert sie vielleicht sogar,
ich mache eine ordentliche Übergabe, und
alles geht ohne Streit und Ärger vonstatten.«

Vorher war sie aus ihrem Gedankenstrudel kaum herauszubewegen, und sie konnte deshalb verständlicherweise auch
nicht ins Handeln kommen.

Nach unserem Gespräch hat sie den Schritt gewagt,
endlich zu kündigen.

Anhand dieses Beispiels siehst du sehr gut, dass viele
Ängste lediglich herbeigedacht und hausgemacht sind. Sie

hatte Befürchtungen vor der Reaktion ihres Vorgesetzten und vor lauter Angst übersehen, dass der *Worst Case* überhaupt nicht eintreten *konnte*, weil ein schikanöses Verhalten des Vorgesetzten in ihrem Unternehmen nicht geduldet werden würde und sie sich notfalls mithilfe einer einfachen Beschwerde dagegen zur Wehr hätte setzen können.

Ein weiterer Teilnehmer aus unserem *Inner Circle* kam mit dem Wunsch zu mir, aus seinem Hobby, das zum nebenberuflichen Job geworden war, mehr zu machen und endlich durchzustarten. Er hatte ursprünglich gar nicht vor, sich von seinem Hauptjob zu trennen und zu kündigen.

Er setzte um, was wir gemeinsam besprochen hatten, Schritt für Schritt. Und mit der Zeit ging dann alles sehr schnell, und die Kunden wurden mehr. Viel mehr, als er erwartet hatte.

Da wuchs einerseits plötzlich doch der Wunsch in ihm, sich selbstständig zu machen, denn er sah: Es geht sich aus, ich kann das! Andererseits meldete sich die Angst zu Wort, und die wurde immer größer, und er war kurz davor, sich von seinem Traum der Selbstständigkeit gleich wieder zu verabschieden und alles beim Alten zu belassen.

Wir spielten gemeinsam das *Worst-Case*-Szenario durch, und da kam es zu folgendem Dialog:

»Wovor hast du Angst?«

»Ich habe Angst vor diesem ganzen Steuerthema. Ich durchschaue das noch nicht. Ich habe Angst, dass sich das alles finanziell nicht ausgeht.«

»Was ist das Schlimmste, das passieren kann?«

»Ich bin seit 15 Jahren in der Firma, habe also
schon lange ein geregeltes Einkommen gehabt.
Was passiert, wenn ich als Selbstständiger
scheitere? Diese Existenzangst macht mich
fertig! Ich habe auch Angst vor den vielen
Steuern, das hatte ich ja schon gesagt. Ich habe
außerdem Angst, dass ich die Freude an meinem
Hobby und jetzigen Nebenjob verliere, wenn ich
es plötzlich hauptberuflich mache, denn dann
muss ich damit ja Geld verdienen ...«

Wenn jemand gleich mit einer Reihe von Ängsten daher-
kommt, wird es kompliziert. Dann siehst du sofort, weshalb
derjenige nicht ins Handeln kommen kann, und dann gilt
es, die Ängste der Reihe nach durchzugehen, zu hinterfragen
und aufzulösen.

»Wieso solltest du deine Steuern nicht zahlen
können? Du hast einen guten Steuerberater –
du kommst dank ihm überhaupt nicht an den
Punkt, an dem du deine Steuern nicht zahlen
könntest.«

»Stimmt. Die Steuern werden ja am Umsatz ge-
messen, das ist eigentlich eine total doofe Sorge.«

»Was ist, wenn dein Unternehmen nicht gut
läuft und du wieder aufhören musst?«

»Das wäre gar nicht schlimm, denn ich kann jederzeit in meinen alten Job zurück, das weiß ich …«

»Wieso denkst du, du könntest keine Freude mehr an der Arbeit haben?«

»Eigentlich ist es mehr die Angst, dass ich in ein Burn-out komme, weil ich so viel arbeiten muss, um meine Steuern zu bezahlen. Aber wo ich das sage, merke ich schon, dass das Unsinn ist …«

Da musste er plötzlich selbst lachen!

»Wie sieht es aus, wenn alles richtig gut läuft?«

»Ich kündige, das Versprechen mit der Wiedereinstellung wird von der Unternehmensleitung eingehalten, alles läuft aber richtig gut und ich brauche diese Option gar nicht, ich habe viel mehr Freizeit und ich liebe meinen Job. Ich bin glücklich, und es geht mir gut.«

Auch er hat nach unserem Gespräch den Schritt in die Selbstständigkeit gewagt und seinen früheren Arbeitgeber mit einer Wiedereinstellungsbestätigung verlassen. Sein Unternehmen läuft heute so gut, dass er diese Karte ziemlich sicher nicht ziehen wird müssen.

Viele Menschen fürchten sich, ein mögliches Schreckensszenario überhaupt anzudenken. Emotionale Aufgeregtheit sorgt für geistige Windstille. Durch Angst kommst du nicht ins Handeln. Wenn du dich überwindest und alles genau durchdenkst – was ist das Schlimmste, was passieren kann? –, stellt sich häufig heraus, dass eigentlich gar nichts passieren kann, und wenn, dass es meist zeitnah eine Lösung dafür gibt. Das meine ich mit dem Vorbereiten auf die Angst und auf allfällige Herausforderungen – das *Worst-Case*-Szenario ist ein sehr wirkungsvolles Tool! Die Angst ist immer größer als das, was tatsächlich passieren kann, und mithilfe dieser Methode kannst du dich deiner Angst wirksam entgegenstellen! Solange du nämlich in deiner Angst gefangen bist, kannst du nicht ins Handeln kommen, das kann ich nicht oft genug hervorheben!

Du bist vielleicht auch an einem Punkt, an dem du in deinem Leben etwas ändern musst oder willst. Das Gefühl der Angst, das einen da befällt, kenne ich sehr gut. Mein Coach sagte mir damals: »Wenn es dir schlecht geht, richtig schlecht, dann stell dir vor, irgendwo auf der Welt ist eine Mama, die hat gerade ihr Kind überfahren.« Ich bekomme das Bild nie wieder aus meinem Kopf. Aber es hat mir mit seiner verstörenden und aufrüttelnden Wirkung so sehr geholfen.

Mir ist damals bewusst geworden, dass es Menschen gibt, die Sorgen haben, aus denen es keinen Ausweg gibt. Unsere Sorgen sind meistens vergleichsweise klein. Im Gegenteil: Wir haben die Chance, unser Boot in eine andere Richtung zu lenken und etwas zu ändern, das sich derzeit in unserem Leben nicht gut anfühlt! Du, ich, wir haben die Möglichkeit zum Gestalten, zum Bewegen! Wir dürfen raus aus unserer Box und Neues wagen.

Wenn du vor Angst gelähmt bist, dich nicht mehr bewegen und nicht mehr klar denken kannst, dann geh aktiv in das *Worst-Case*-Szenario. Du wirst meistens merken, dass es halb so schlimm ist, und die nächste Lösung schon vor dir liegt.

Die meisten von uns leben in einer Realität, in der sie hauptsächlich Luxusprobleme haben. »Ich kann mir nur das kleinere Auto leisten«, »Soll ich den Sprung in die Selbstständigkeit wagen, was passiert, wenn es schiefgeht?« – Hey! Du hast einen Job und du hast offenbar die Möglichkeiten, mit denen du den Schritt ins Unternehmertum wagen kannst! Das Schlimmste, was dir passieren kann, ist, dass du es vor lauter Angst gar nicht erst versuchst!

TAKE-AWAYS

✓ Mit anderen gemeinsamen die Angst zu analysieren und zu bekämpfen, ist viel leichter!

✓ Schau deinen Ängsten und Befürchtungen ins Gesicht! Wende das Worst-Case-Szenario an und du wirst sehen, dass deine Angst ihren Schrecken verliert.

Das Deck deines Schiffs

Wer auf dein Schiff kommt, sieht zuerst das Deck. Wie gepflegt ist es, wer befindet sich auf dem Schiff, welchen Gesamteindruck macht alles?

Wenn wir auf andere Menschen treffen, ist das nicht viel anders. Wir sehen uns an und wir analysieren: Wie tritt das Gegenüber auf, wie sieht es aus, wie gibt es sich, wie spricht es mit mir, wie ist es angezogen – der erste Eindruck zählt, und den im Nachhinein zu revidieren, ist sehr schwierig. Deshalb kann es eine wertvolle Überlegung sein, darüber nachzudenken, wie dein Lebensschiff von außen betrachtet aussieht. Ich halte nichts von Vergleichen, aber es geht bei einem Unternehmen auch darum, sich zu verkaufen, Kundenvertrauen zu gewinnen oder neue Besatzungsmitglieder anzuheuern. Je aufgeräumter und sauberer dein Schiff sich auf den ersten Blick präsentiert, desto besser.

Starten wir deshalb mit dem Auftreten!

Stell dir am Ruder einen Kapitän vor, der sich den ganzen Tag mit seiner Besatzung gezankt hat, und daher einen ausgelaugten, müden Eindruck macht und darüber hinaus auch noch nachlässig gekleidet ist.

Man kleidet sich bei Bewerbungsgesprächen für den Job, den man gern haben möchte, heißt es, und das stimmt!

Wenn du am Vormittag noch in der Autowaschanlage gejobbt hast, wirst du dich für das Bewerbungsgespräch in der Bank vermutlich umziehen. Wenn du gepflegt und passend gekleidet auftrittst, gehen Menschen anders mit dir um, als wenn sie den Eindruck haben, du seist nachlässig. Im schlimmsten Fall ziehen sie Rückschlüsse auf deine zukünftige Performance im Job. Verstellen sollst du dich natürlich nicht. Erfolgreich wirst du nur dann, wenn du du selbst bist.

Ich habe auf meinem persönlichen Lebensschiff vier Besatzungstypen identifiziert, und den einen, den keiner auf seinem Schiff haben möchte. Diese fünf begegnen dir praktisch auf jedem Boot, sowohl auf deinem als auch auf dem der anderen.

Egal, ob du Gast auf einem anderen Schiff bist, oder ob es um deine eigene Besatzung geht: Mit jedem musst du anders umgehen, um Zugang zu ihm zu finden, um für ihn das Richtige liefern zu können und umgekehrt das Richtige und Beste aus ihm herauszuholen.

Wenn du mich nach meinen Erfolgsgeheimnissen fragst, würde ich mit Sicherheit auch sagen, dass ich meine Besatzung gut einschätzen kann. Ich kann mich auf Menschen einlassen und bin empathisch.

Mithilfe meiner Orientierungshilfe kannst auch du das in Kürze lernen. Die Übung macht den Meister. Du wirst immer wieder einmal feststellen, dass du mit deiner Einschätzung nicht hundertprozentig richtig lagst, aber mit dem entsprechenden Fokus wirst du immer häufiger feststellen, wie einfach es plötzlich ist und wie leicht alles gehen kann, wenn du bei anderen den richtigen Punkt triffst.

Wer bist du?

Das Spannende an dieser vermeintlich einfachen und harmlosen Frage ist, dass sich die wenigsten Menschen selbst gut einschätzen können. Das stelle ich bei meinen Erstgesprächen für den *Inner Circle* immer wieder fest, denn da frage ich jedes Mal:

»Wer bist du?«

Meistens wird es da ganz still, oft minutenlang, denn ich sitze die Stille auch ganz bewusst aus. Da gab es mitunter schon Tränen bei den Bewerbern, weil keine Antworten kommen wollten.

Das ist nicht weiter schlimm, denn wir lernen einfach überhaupt nicht, herauszufinden und zu wissen, wer wir sind. Es wird vorausgesetzt, dass du auf deinem Weg schon herausfindest, wer du bist.

Wie finde ich mich also selbst?

Eine große Frage, nicht wahr?

Ich möchte dir dazu eine Geschichte erzählen. Geschichte ist etwas übertrieben, es war eher ein Gefühl in einem besonderen Moment, den ich sehr intensiv wahrgenommen habe und den ich mit dir teilen möchte. Ein Moment, der meinen inneren Kompass angesteuert und mir meine Richtung bestätigt hat.

Ich war mit meiner Frau auf Reisen. Wenn du reist, bist du üblicherweise von deinem täglichen Umfeld abgeschottet, und deshalb hast du viel mehr Zeit zum Nachdenken als sonst. Zeit, die du vielleicht im Alltag nicht immer in dem Ausmaß zur Verfügung hast.

Ich saß also an einem Bartresen mit Blick aufs Meer und trank einen Cocktail. Den bisherigen Urlaub über war ich gestresst und von Gedanken gejagt gewesen, und in diesen Momenten hatte ich erstmals das Gefühl, im Urlaub angekommen zu sein. Ich saß da, sah den Wellen beim Kommen und beim Gehen zu. Da hatte ich plötzlich einen Gedankenblitz: Was ich am liebsten mache, ist es, mich weiterzubilden und zu sehen, dass ich wachse, damit ich anderen zeigen kann, wie sie mehr strahlen können. Diese Eingebung war ein Gefühl in einem Moment des kompletten Abstands und Abgekoppelt-Seins vom Üblichen.

Ich rate dir, achtsam zu sein, und wann auch immer du so ein starkes Gefühl entwickelst: Nimm es ernst, trag es in deinem Herzen und überlege dir, wie du es zur Realität machen kannst. Lass es nicht mehr los!

Abstand vom gewohnten Sein lässt dich oft ganz überraschend zu dir selbst kommen. Dein Warum, deine Ziele und deine Wünsche finden dich am Weg, darauf kannst du dich verlassen. Wenn du gerade auf der Suche bist nach deinem Warum und nach der Antwort auf die Frage: »Wer bin ich?«, wenn die Antworten ausbleiben, dann empfehle ich dir eine Auszeit. Einen Monat, ich weiß, das klingt lang, aber du wirst sehen, der Einsatz lohnt sich. Und noch etwas: Verbringe diese freie Zeit nicht etwa daheim, dort herrscht viel zu viel Ablenkung und du bist zu sehr von Gewohntem umgeben.

Mache dir Gedanken über folgende Punkte:

- Wie wirkt dein Auftreten und dein Bild nach außen (soweit du das einschätzen kannst. Sei aber ehrlich zu dir!)?
- Wo willst du hin?
- Wer willst du sein?
- Was willst du tun?

Wenn du diese Fragen für dich beantwortet hast, dafür ein Gefühl bekommst, wer du bist und wer du sein willst, und du dann anfängst, zu dir zu stehen oder dich zu ändern, werden Menschen anfangen, Dinge an dir gut oder nicht so gut zu finden. Deshalb ist es enorm wichtig, an deinem Selbstvertrauen zu arbeiten. Dafür ist es von Vorteil, wenn du ein starkes Umfeld mit den richtigen Menschen um dich hast. Denn die werden dich bestärken, auch wenn du mal das Vertrauen verlieren solltest, wenn du an dir zweifelst oder nicht weißt, wie es weitergehen soll. Suche dir vor deiner Reise daher Unterstützer, die für dich da sind, bis du selbst das Gefühl bekommst, unbesiegbar zu sein.

Das klappt aber nur, wenn du auch weißt, wer du bist und wohin die Reise gehen soll. Wir sind oft viel zu fokussiert darauf, Lob und Anerkennung von außen zu bekommen. Das ist nicht immer steuerbar, manchmal musst du auch eine Weile ohne das alles auskommen. Gerade dann ist es besonders wichtig, dir selbst Wertschätzung und Anerkennung zukommen zu lassen und dich für deine Erfolge zu feiern.

Jetzt war schon ein paarmal die Rede von den anderen Besatzungsmitgliedern, und die sollst du jetzt kennenlernen – es ist höchste Zeit!

Die Besatzung

Du weißt jetzt, wer du bist, was du dir wünschst und wo du hinwillst. Nun möchte ich dir eine der wichtigsten Techniken aus dem Lebensschiff-Modell® auf deine Reise mitgeben. Wenn du jetzt startest, dich auf den Weg zu machen, wirst du viele neue Menschen kennenlernen, ob im beruflichen, im privaten oder auch im Verkaufsleben. Dabei ist einer der wichtigsten Skills, Menschen richtig einzuschätzen.

Stell dir also vor, du triffst jemand Neuen in deinem

Leben, dann betrittst du jetzt mal sinnbildlich sein Schiff. Du gehst an Bord und triffst dort auf die Besatzung.

Der Papagei flattert sofort auf dich zu, er ist übermütig, macht einen Scherz, über den du herzhaft lachen kannst. Er heißt dich willkommen, erzählt dir, wie cool hier an Bord alles ist. Er hat viele Ideen, erzählt dir, was man ändern könnte, damit alles noch mehr Spaß machen würde, und er ist bereit, sich jederzeit in ein neues Abenteuer zu stürzen. Er setzt sich – bildlich gesprochen – auf deine Schulter und ruft:

»Jippieeeeee! Jetzt geht's los!«

Als nächstes triffst du den Kapitän, der am Ruder steht. Der ruft schon von Weitem:

»Willkommen, wir müssen gleich ablegen, ich hoffe, du hast alles dabei, was du brauchst – die Route steht, wir müssen los, ahoi!!«

Er dreht sich um und konzentriert sich auf seine Arbeit.

Jemand mit einem Fernrohr in der Hand kommt auf dich zu und begrüßt dich.

»Willkommen, wer bist du,
was machst du, wie viel Gepäck
hast du dabei?«

Der Navigator will alles von dir wissen, am besten innerhalb der ersten fünf Minuten: wann du aufstehst, welche Kajüte du gern hättest und ob du eine Lieblings-
zahl hast. Du kommst kaum zum Antworten, denn er erklärt dir schon, wie es an Bord läuft: »Wir stehen um
sieben Uhr auf und um neun Uhr gibt es Frühstück,
davor macht jeder seine Arbeit ...« – er erklärt dir den ganzen Tagesablauf, und du fragst dich, wie du dir das alles
merken sollst. Er hat glücklicherweise schon wieder den
nächsten Termin, wünscht dir einen guten Start und geht
seiner Wege.

Du hast dir Kajüte Nummer Sieben ausgesucht, gehst nach
unten und hältst Ausschau nach deiner Unterkunft. Der
Koch kommt aus der Kombüse.

»Hey, willkommen, wer bist du, bist du
neu hier? Willst du etwas trinken? So viele
Eindrücke, nicht wahr, erzähl mir von dir?«

Er will sich um dich kümmern und er achtet darauf, dass es dir gut geht und dass du dich wohlfühlst. Er fragt dich nach deiner Kajütennummer und freut sich: »Die Sieben, cool, ich bin gleich nebenan – wenn du etwas brauchst, klopf einfach!!« Du hast sofort das Gefühl, ihr könnt Freunde werden.

Du verlässt den Koch mit einem guten Gefühl und machst dich auf den Weg zu deiner Kajüte. Da sitzt es nun, direkt vor deiner Tür. Das Besatzungsmitglied, das keiner haben will. Der Energie-Krake, du hast ihn schon kennengelernt. Er ist wahnsinnig nett und du verbringst viel Zeit mit ihm. Er schüttet dir sein Herz aus, ihr sprecht über seine Sorgen und Probleme, aber welche Tipps auch immer du ihm gibst: Er wird dir sagen, dass das bei ihm nicht funktioniert und dass du dir das Leben viel zu leicht vorstellst. Du willst ihm eine Freude machen, aber er nimmt es nicht an. Ihr hört nebenan in der Küche die Töpfe und Pfannen klappern, und du stellst fest: »Mmmmh, es riecht heute aber wieder besonders gut!«, worauf er zu dir sagt:

»Gesund ist das aber sicher nicht und Bio auch nicht.«

Er findet an nichts etwas Gutes, aber an allem etwas Negatives. »War es schön?« – »Ja, aber …« (also nein, es war nicht schön!)

Du erzählst ihm von dir und von deinen Überlegungen, dich selbstständig zu machen und Kapitän deines eigenen Schiffs zu werden. »In Zeiten wie diesen?!«, »Wozu denn? Du hast doch ein sorgenfreies Leben als Angestellter!!«, oder: »Ich kann dich nur warnen, in die Insolvenz zu schlittern, ist nicht angenehm – ich weiß, wovon ich rede!« – irgendetwas in der Art wird er sagen. Nicht, weil er böse ist, sondern, weil er es gut mit dir meint. Im Lauf der Reise wirst du bemerken, wie viel deiner Energie er dir stiehlt, dass er dich hinunterzieht und du dich jedes Mal nach eurem Aufeinandertreffen ausgelaugt und gebremst fühlst.

Nicht immer benehmen sich die Menschen so eindeutig wie auf unserem Schiff, und sie sind daher nicht immer so ganz eindeutig zuzuordnen. Um es für dich noch anschaulicher zu machen, zeige ich es dir anhand von ein paar Beispielen:

Stelle dir einen Kapitän vor, der frühmorgens mit seinem Koch im Bett liegt. Der Kapitän hat heute einen Tag vor sich, an dem ein Termin den anderen jagt. Der Koch sagt: »Wir könnten heute einmal wieder essen gehen«, aber der Kapitän lehnt ab und sagt: »Nein, sorry, heute geht es nicht, weil heute Abend habe ich noch Webinar und zuvor zig Termine, da muss ich ohnehin sehen, dass ich rechtzeitig fertig werde – hast du zufällig meine weißen Blusen aus der Reinigung geholt?« Der Koch fühlt sich irgendwann vernachlässigt, weil er schon die ganze Reise über hinter seinem Kapitän herläuft, ihn aber nie erreicht, weil er nie Zeit für ihn hat.

Finde heraus welcher Besatzungstyp du bist.

Daher ist die Kombination aus Kapitän und Koch meist sehr schwierig. Der Kapitän möchte immer voran, der Koch liebt es aber eigentlich so, wie es gerade ist, und braucht nur Aufmerksamkeit von Zeit zu Zeit, um sich wohlzufühlen.

Der Koch und der Navigator sind zusammen in einer Teambesprechung. Der Koch teilt der Runde mit, dass es ihm wichtig ist, dass der Kunde zufrieden ist und dass er deshalb möchte, dass der Kunde alle paar Tage telefonisch kontaktiert wird, um ihn zum Liefertermin seines Neuwagens auf dem Laufenden zu halten. Der Koch möchte außerdem, dass eine Schachtel Pralinen ins Auto gelegt wird und bei der Übergabe an die Damen ein Blumenstrauß überreicht wird oder eine Flasche Cognac für die Herren. Der Navigator schüttelt belustigt den Kopf und sagt: »Das ist doch unnötig. *Die Kunden* müssen nur wissen, wann sie das Auto abholen können und dass der Wagen 700 PS hat. *Wir* müssen nur wissen, dass am Tag der Autoübernahme das Geld auf unserem Konto ist. Außerdem, weißt du, was uns das kosten würde? 100 Kunden eine Schachtel Pralinen zu schenken?«

Der Koch und der Navigator arbeiten unheimlich gut zusammen, weil sie meistens das Gleiche wollen, die Tendenz geht aber meistens dahin, dass der Koch nachgibt, weil er den Navigator nicht verärgern möchte. Wichtig: Jeder der vier Charaktere steckt in dir und in jedem Menschen! (Vielleicht auch manchmal der Energie-Krake.) Du musst nur lernen, für den richtigen Besatzungstyp richtig zu handeln.

Deshalb habe ich noch ein Praxisbeispiel für dich. Stell dir vor, du bist wie ich Hochzeitsfotograf und triffst dich zur Auftragsbesprechung mit dem Brautpaar. Ihr begrüßt euch, die beiden setzen sich und du lernst sie kennen. Was wünschen sie sich, welche Erwartungen haben sie an Bild und Video – das sind wesentliche Punkte bei der Auftragsklärung. Einer der beiden sagt: »Ich will etwas Ungewöhnliches. Ich will, dass wir auf unseren Hausberg steigen und dort geile Fotos machen, am liebsten wäre mir sogar, es reg-

net auch noch, das wäre cool, einfach mal was anderes ...«
– Was ist das für ein Typ? Richtig! Ein Papagei. Der will Action, der will seinen Spaß haben. Hauptsache ungewöhnlich!

Wenn nun an seiner Seite ein Navigator sitzt, könnte es kompliziert werden, denn der wird sagen: »Das geht sich doch zeitlich überhaupt nicht aus, was macht unsere Hochzeitsgesellschaft inzwischen ohne uns, und überhaupt, was ist, wenn was passiert, sind wir da überhaupt versichert, stell dir das doch einmal vor, unsere ganze Hochzeit wäre im Eimer ...«.

Es ist sehr hilfreich, diese vier Typen zu kennen und sie einschätzen zu können. Denn dann kannst du individuell auf sie eingehen und sie in jeder Situation gut abholen.

Du kannst dem Papagei – um den obigen Fall noch einmal heranzuziehen – beispielsweise vorschlagen: »Das klingt doch spitze, lasst uns einfach auf den Berg fahren und ein paar geniale Bilder an der Kletterwand machen!«, und jetzt holst du den Navigator noch mit ab: »Zeitlich geht sich das super aus, wir brauchen ca. 30 Minuten für die Autofahrt und das Shooting. Außerdem seid ihr die ganze Zeit gesichert und von Profis umgeben, es ist also völlig ungefährlich!«

So fühlen sich beide wohl, und darum geht es auf einem Schiff: dass die gesamte Besatzung zusammenarbeitet, um das Schiff auf Kurs zu halten. Wenn du ein gutes Gespür für die Besatzungsmitglieder entwickelst, fühlen sie sich abgeholt und verstanden. Das Gefühl des Gesehen-Seins und Wahrgenommen-Werdens, das Gefühl der Wertschätzung – all das wird sie motivieren, auf eurer gemeinsamen Reise ihr Bestes zu geben.

Wenn der Koch sich ständig vom Navigator ausgebremst und vom Kapitän übergangen fühlt, kann das zu einer inneren Kündigung führen: In einer Beziehung schlägt man vorerst unbemerkt unterschiedliche Richtungen ein, und in einem Unternehmen leiden Commitment und Performance. Das kann so weit gehen, dass der Koch den Navigator provoziert, indem er trotzdem Pralinen in die Autos legt und zu jedem Meeting absichtlich ein paar Minuten zu spät kommt, oder dass der Kapitän eines Tages feststellt, dass die weißen Blusen ausgegangen sind, weil offenbar keiner Zeit hatte, zur Reinigung zu fahren.

Mit ein wenig Übung und gezieltem Fokus kannst du relativ schnell einschätzen, mit welchem Besatzungsmitglied du es zu tun hast: Beobachte und lass sie reden. Zuhören ist eine verloren gegangene Tugend. Meistens denken wir schon darüber nach, was wir antworten oder als nächstes sagen könnten, während der andere noch spricht. Wir haben verlernt, einander zuzuhören. Lass dein Gegenüber (aus)reden. Du musst auch nicht jeden Moment der Stille mit Gesprächen füllen. Stille aushalten zu können, ist etwas Wundervolles. In dieser Stille kannst du mithilfe von drei Möglichkeiten erspüren und herausfinden, wer welcher Charakter ist und wie du mit deinem Gegenüber idealerweise umgehen sollst.

1. *Weg-von- oder Hin-zu-Fragen* stellen: Wenn du nicht sicher bist, kannst du diesen 50:50-Joker anwenden und fragen: »Wie sieht deine aktuelle Situation aus?«, oder: »Warum bist du hier?« Wenn beispielsweise als Antwort kommt: »Ich will ein Auto kaufen, ich habe einen alten Opel und der springt nicht mehr an, ich brauche dringend ein fahrtüchtiges Auto ...«, dann hat dieses Besatzungsmitglied ein *Weg-von*-Thema und ist vermutlich Koch oder Navigator. Wenn du hörst: »Ich will ein Cabrio, möglichst viele PS, eine auffällige Farbe, um bei den Kollegen richtig Eindruck zu schinden...«, hat er ein *Hin-zu*-Thema und ist ziemlich sicher Kapitän oder Papagei.

2. *Offene Fragen* stellen. Zum Beispiel: »Was ist dir bei unserer Zusammenarbeit besonders wichtig? Welche Erfahrungen hattest du bisher mit Fotografen/Coaches/Autoverkäufern?« Wenn du dann als Antwort bekommst: »Der hat mich falsch beraten, denn das Auto hatte nicht

305, sondern nur 300 PS!«, dann weißt du, du hast es mit einem Navigator zu tun. Wenn du hörst: »Mir ist ein angenehmes Klima wichtig und ein freundliches Miteinander«, dann steht vermutlich ein Koch vor dir. Wenn du hörst: »Ich werde trübsinnig, wenn ich tagaus, tagein dasselbe zu tun und keine Abwechslung habe«, sprichst du sehr wahrscheinlich mit einem Papagei.

3. *Geschlossene Fragen* stellen. Zum Beispiel: »Ist der Abgabetermin fix oder können wir uns zu Gunsten der Qualität ein wenig mehr Zeit nehmen?«, oder: »Ist es wichtig, dass ich pünktlich (…) bin?«

Diese Tabellen bildet alle Kommunikationstypen für dich noch einmal auf einen Blick ab:

Hin-zu motiviert: Erlebnisse und Abenteuer

Möchte:	Wichtig:
• Der Erste sein	• Überlegt gerne 1-2 mal
• Innovative Lösung	• Geld nicht wichtig, Gefühl wichtiger
• Spass haben im Gespräch	• Gemeinsam den Weg gehen
• Dass du dich um ihn kümmerst!	• Überschaubarkeit & Einfachheit wichtig
• Vertrauen	
• Individuell sein	
• Neueste Mode, Technik & Designs	**Liebt:**
• Variation & Abwechslung	• Anschluss, gemeinsamer Dialekt, Familie, Freunde, sanft sein, Menschen helfen, sei dabei, gemeinsam
Unbedingt vermeiden:	
• Langeweile	
• Immer das Gleiche zu zeigen	• Neueste Mode, bunte Farben, auffallen
• Negatives (Schmerzverkaufen)	• Außergewöhnliche Ergebnissen
Arbeiten z.B. als:	• Abenteuer
• Fotograf	• Überraschung
• Designer	
• …	

Hin-zu motiviert: **Einfluss & Leistungsvorteil**

Möchte:
- Wettbewerbsorientiert
- Effizienz verbessern
- Schnelle Ergebnisse
- Status verbessern
- Gespräch kontrollieren
- Herausforderung
- Schnell Ziel erreichen
- Wissen, ob du ihn zum Ziel führst
- Zuerst auf Punkt, dann Smalltalk!
- Möchte das Beste vom besten
- Möchte Anerkennung & Bewunderung & Status

Unbedingt vermeiden:
- Überheblich sein
- Arrogant gegenüber ihm/ihr
- Ihm keine Beachtung zu schenken
- Langweilige Details

Wichtig:
- auch mal ins Negative reingehen
- Muss immer gewinnen

Liebt:
- Kunde fragt nach Leistungsvorteilen
- Und wie er damit Vorsprung ausbaut
- Pakete anbieten, aber er entscheidet eigenständig
- Liebt Sätze wie: Das ist nicht für jeden was!

Arbeiten z.B. als:
- Unternehmer
- Führungskraft
- Verkäufer
- ...

Weg-von motiviert: **Geborgenheit & Harmonie**

Möchte:
- Erwartet Zuneigung
- Bei Problemen helfen
- Braucht persönlichen Rat
- Zugehörigkeit/Gemeinsamkeit

Unbedingt vermeiden:
- Enttäuschung
- Alleine lassen
- nicht helfen
- Negatives (Schmerz-verkaufen)

Steht auf Sätze wie:
- Das schützt dich vor ...
- Das verhindert ...

Wichtig:
- Geld nicht an erster Stelle
- Arbeiten, wo sie Menschen helfen
- Schwierigkeit mit NEIN sagen
- Ist immer für seine Freunde da

Liebt:
- elfen zu können
- Nähe & Fürsorge
- Sicherheit und Versprechen
- Ruhe, Harmonie

Arbeiten z.B. als:
- Pfleger
- Soziale Berufe
- Lehrer
- ...

Weg-von motiviert: Zahlen, Daten, Fakten

Möchte:
- Immer Zahlen sehen
- Strukturierte Tage
- Gute Planung
- Alle Infos vorab
- Kein Risiko
- Ein Handout
- Zahlen, Daten und Fakten

Unbedingt vermeiden:
- Risiken
- Große Veränderung
- Zu spät kommen
- Enttäuschen
- Unzuverlässig sein
- Falsche Versprechungen
- Nicht fertige Produkte
- Auch mal ins Negative reingehen und dann ins Positive switched

Wichtig:
- Fragt nach Bewertungen
- Fragt nach Garantie
- Fragt nach Anzahl an Kunden
- Prüft Kaufvertrag extrem genau
- Stellt viele Fragen
- Stärkstes System
- Sicherheit
- Braucht Ordnung & Struktur

Liebt:
- Pünktlichkeit
- Struktur
- Qualität
- Service
- Fakten

Arbeiten z.B. als:
- Berater
- Buchhalter
- ...

In dieser Tabelle findest du alles Wichtige, um mit dem jeweiligen Besatzungstyp richtig kommunizieren zu können. Wenn du ein Gespräch mit einem Menschen – völlig egal, ob Kunde, Freund oder Kollege – hast, solltest du immer versuchen, herauszufinden, welcher Typ er ist. (Dafür hast du ja jetzt die drei Fragemöglichkeiten.) Danach kannst du diese Grafik wie eine Art Baukasten nutzen.

Wenn du beispielsweise in einem Kundengespräch bist, weißt du nun genau, wie du mit deinem Gegenüber sprechen musst, damit es sich bei dir gut aufgehoben fühlt und du den Auftrag bekommst. Wenn es um deine Mitarbeiter, Familienmitglieder oder Teamkollegen geht, ist es ebenfalls hilfreich, die Kommunikationstypen zu kennen. Dann weißt du beispielsweise, dass der Koch sich über ein Teamevent freut und noch mehr darüber, es organisieren zu dürfen. Der Papagei steht mit dir an vorderster Front, wenn es Action und Herausforderungen zu meistern gilt – mit ihm an deiner Seite hast du immer das Gefühl, dass nichts schiefgehen kann. Wenn es darum geht, die Zahlen im Auge zu behalten und dafür zu sorgen, dass ein Projekt finanziell nicht aus dem Ruder läuft, kannst du dich auf den Navigator verlassen. Der Kapitän steht für Weitsicht und Überblick – er sieht den Eisberg kommen und weiß, wie großräumig er ihn umschiffen muss und dabei auch noch Fahrt aufnimmt.

In ein ideales Umfeld eingebettet, können alle Besatzungsmitglieder ihr Bestes geben – 100 Prozent Commitment und Performance sind das Resultat, über das du dich auf deinem Schiff freuen darfst.

Du kannst das Wissen um die Kommunikations- und Besatzungstypen übrigens auch auf deine Social-Media-Aktivitäten anwenden. Du kennst zwar die Konsumenten deines Contents nicht alle persönlich, aber ziemlich sicher ist jedes Besatzungsmitglied darunter. Überlege dir also bei jedem Beitrag, welchen Leistungsvorteil du für den Kapitän bieten kannst, ob etwas für den Koch dabei ist (Gemeinsamkeiten, Gefühlvolles …), für den Papagei (da kann ein buntes Bild oder ein cooles Video in einem ungewöhnlichen Setting reichen) und den Navigator (eine wissenschaftliche Grundlage, eine neue Studie, ein interessanter Vergleich …).

Und, hey, sorry, wenn du ab jetzt bei den Menschen, mit denen du kommunizierst, eine meiner Figuren auf ihren Schultern sitzen siehst!

TAKE-AWAYS

✓ Suche in Gedanken dein Umfeld ab und ordne die Besatzungscharaktere zu. So bekommst du rasch ein Gefühl, welcher Typ dein Gegenüber ist.

✓ Wende im Alltag die drei Fragemöglichkeiten an, um die Besatzungsmitglieder zuzuordnen: Stelle Weg-von- oder Hin-zu-Fragen, offene oder geschlossene Fragen.

✓ Hör dir und anderen genau zu. So lernst du nicht nur dich, sondern auch deine Besatzung gut kennen und weißt dein Umfeld einzuschätzen.

✓ Mach dir Gedanken, wo dir die jeweiligen Besatzungsmitglieder weiterhelfen können (sind sie am richtigen Platz oder schlummert Potenzial, das es zu entfalten gilt?).

Dein Krähennest – So behältst du den Überblick!

Das sogenannte Krähennest dient dir als Aussichtsplattform. Von diesem höchsten Punkt deines Schiffs kannst du alles im Blick behalten und siehst Gefahren schon von Weitem auf dich zukommen.

»Du fällst immer auf die Butterseite des Lebens« – diesen Satz habe ich sehr oft von Freunden oder meinem Umfeld an den Kopf geworfen bekommen, und obwohl dieses Sprichwort keinen wirklichen Sinn ergibt, hast du es bestimmt auch schon ein paarmal gehört. Die meisten meinen damit, dass dir alles im Leben einfach zufällt, dass du ein Glückspilz bist und dir alles scheinbar mühelos aufgeht.

Egal, welche Idee ich hatte, sie hat immer funktioniert. Egal, was ich mir vornehme und was auch immer ich mir in den Kopf setze, ich erreiche das.

Ich wünsche mir nicht nur irgendetwas, sondern ich tue auch etwas dafür! Das mit den Wünschen an das Universum, die dann völlig ohne Anstrengung Wirklichkeit werden, ist eine verbreitete Wunschvorstellung. Die Realität sieht so aus, dass die Möglichkeiten oft ungenützt links und rechts neben deinem Boot vorbeiziehen, weil du sie nicht hast kommen sehen. Bestimmt ist es dir auch schon passiert, dass dir jemand, nachdem du nach monatelanger Suche endlich eine Lösung für ein Problem gefunden hast, gesagt hat: »Hättest du mich gefragt, ich hätte dir gleich sagen können, wie du das löst!« Oder dass du feststellst, dass es für deine Geschäftsidee schon längst eine Zielgruppe und einen Markt gibt.

Ich sitze regelmäßig in meinem Krähennest und halte die Augen und Ohren offen. So übersehe ich nichts: keinen Eisberg und keine Chance.

Die Verweildauer im Krähennest hat sehr viel mit Bewusstsein zu tun und mit der Aktivierung deines inneren Kompasses! Es ist nicht damit getan, nur Ausschau zu halten, sondern du musst mit dem, was sich dir eröffnet, auch etwas machen. Was auch immer sich da oben im Krähennest zeigt (ein Eisberg, ein anderes Schiff ...): Du musst deine Flotte informieren und du musst wissen, wen du mit welchen Aufgaben betraust oder wen du um Hilfe bittest.

Du wirst dich jetzt vielleicht fragen, wie das geht, Gefahren, Chancen und Möglichkeiten zu erkennen, denn nicht immer sind sie so eindeutig auszumachen wie Eisberge oder andere Schiffe.

Ich möchte dir zeigen, wie du lernst, die Momente der Chancen zu erkennen und dazu möchte ich dir gern eine Geschichte erzählen. Ich habe sie selbst schon in vielen Varianten gehört:

Ein junger, sehr gläubiger Mann wohnte in einem schönen Haus in einem Dorf am Fluss. Eines Tages kam ein Unwetter auf das Dorf zu, und es schüttete tagelang. Der Fluss stieg und stieg und trat schließlich über seine Ufer. Die Nachbarn des Mannes flohen vor den Wassermassen, und einer klopfte an seine Tür. »Schnell, komm mit, die Wassermassen werden dich in den Tod ziehen.« Doch der Mann stand da und sagte: »Ich bleibe, Gott wird mich retten!« Er ging aus dem Erdgeschoß in den ersten Stock und betete dort zu Gott.

Ein paar Stunden später sah er vom Balkon, dass die Flut ihn fast erreicht hatte. Da fuhr ein Boot an ihm vorbei. »Guter Mann, kommen Sie, wir können noch einen Mann mitnehmen«, rief ihm der Bootsführer zu, aber er verneinte. »Gott wird mich retten!«

Das Wasser stieg immer weiter, und schließlich ragte nur noch das Dach aus den Fluten. Dort hinauf konnte sich der Mann gerade noch retten, da kam ein Helikopter und über ein Mikrofon schrie jemand: »Schnappen Sie sich das Seil, das ist Ihre letzte Chance! Nach uns kommt keine Hilfe mehr!« Doch der Mann blieb bei seinem Glauben: »Nein, ich bleibe, mir kann nichts passieren. Gott wird mich retten.«

Der Hubschrauber drehte ab und flog davon. Das Wasser stieg höher und höher, und der Mann ertrank in den Fluten. Er landete im Himmel, wo er seinem Gott begegnete. Völlig erschüttert schrie er ihn an: »Warum hast du mich nicht gerettet? Ich habe an dich geglaubt.«

Sein Gott stand auf, sah ihm tief in die Augen und sprach klar und deutlich: »Ich habe nicht nur ein Mal versucht, dich zu retten, nein, sogar drei Mal, aber du hast es nicht gesehen! Zuerst habe ich deinen Nachbarn geschickt, dann die Helfer auf dem Boot und schließlich einen Hubschrauber. Was hätte ich denn noch machen sollen??«

Warum wird den meisten nicht geholfen? Aus einem

einfachen Grund! Es ist von außen oft gar nicht ersichtlich, dass sie Hilfe brauchen. Stell dir daher die Frage: Würdest du dir selbst helfen? Betrachte dich von außen – stell dir vor, jemand kommt zu dir, trinkt mit dir einen Kaffee, und ihr unterhaltet euch. Mit welcher Energie geht ihr beide auseinander? Was denkt der andere von dir? *Wow, interessanter Mensch, der sich mit einer super Geschäftsidee selbstständig machen will, sehr cool, vielleicht kann ich ihn unterstützen und ihm ein paar Türen öffnen.* Und schon ein paar Tage später vernetzt er dich mit wertvollen Kontakten, die dich und deine Vision voranbringen und dir deine Vorhaben erleichtern.

Wenn wir nicht zuhören, kommen wichtige Informationen nicht an, und dann fällt uns überhaupt nicht auf, dass wir dem Gegenüber sehr leicht helfen könnten. Dasselbe gilt auch umgekehrt. Ohne die Augen für neue Wege offen zu haben, werden sich für uns keine neuen Möglichkeiten auftun. Wer sich von anderen nicht in die Karten blicken lassen will, bringt sich unbewusst um Chancen – woher soll unser Gegenüber auch wissen, dass wir seine Unterstützung gut brauchen könnten?

Ich höre öfter, dass Selbstständige Aufträge ablehnen, die nicht den gewünschten Umsatz bringen.

Das mache ich vom Grundprinzip her auch so – aber *nicht*, ohne vorher genau zu prüfen, was der Auftrag sonst noch an Chancen bietet. Das können bestimmte Kontakte sein oder die Möglichkeit, den Fuß in einer bestimmten Branche oder Kundenschicht in die Tür zu bekommen – und meistens übernehme ich den Auftrag dann trotzdem.

Aufträge lehne ich fast nur aus Kapazitätsgründen ab, denn jeder noch so kleine Auftrag birgt irgendeine besondere Chance, wir müssen sie nur erkennen. Sobald es mit deinen Werten übereinstimmt und dir einen Vorteil bringt, sollte nicht das Geld im Fokus stehen, sondern dein Auf-dem-Weg-zum-Ziel-Sein.

Das gilt auch, wenn es darum geht, dass du etwas gratis machst – gerade da tun sich oft viele Möglichkeiten auf und öffnen sich viele Türen: Du wirst weiterempfohlen und kannst neue Kontakte knüpfen. Das halte ich für eine ganz wichtige Aufgabe von Jungunternehmern und Selbstständigen, die neu sind im Unternehmertum. Chancen und Möglichkeiten fallen meistens nicht vom Himmel, sondern sind ein Produkt von Einsatz und Commitment.

Ich zeige dir ein paar einfache Tricks, wie du herausfindest, welche Möglichkeiten sich hinter verschlossenen Türen bieten können.

1. Mit anderen sprechen – nicht smalltalken, sondern sprechen

Suche dir Netzwerke und fang dort an, mit den Teilnehmern zu reden, am besten mit denen, die erfolgreicher sind als du. Wenn du die richtigen Menschen findest und dich mit ihnen unterhältst, tut sich wirklich immer eine Tur auf, das kann ich dir versprechen!

Ein Teilnehmer aus meinem *Inner Circle* machte sich schon lange Gedanken, dass er gern an mehreren Tagen in der Woche im Homeoffice arbeiten wollte. Irgendwann sprach er das seinem Arbeitgeber gegenüber an, er sagte, damals sei ihm der sprichwörtliche Knoten geplatzt. Ihm war nach einem Gespräch mit mir bewusst geworden, dass sein Vorgesetzter möglicherweise überhaupt keine Ahnung von seinem Wunsch hatte, zwar hatte er es zwischen den Zeilen anklingen lassen, aber seine Botschaft war anscheinend nie angekommen. Und siehe da – kaum war es ausgesprochen, hieß es: »Das ist doch kein Problem, da sind doch nur ein paar marginale Umstellungen zu machen, das machen wir gern für wertvolle Mitarbeiter wie Sie!« Hätte er nicht irgendwann klipp und klar gesagt, was er wollte, würde er heute noch mit sich hadern. Die beiden haben noch beim Erstgespräch erarbeitet, wie die neue Lösung für beide Seiten von Vorteil sein konnte. Die Kollegen, die ihm zuvor von dem Gespräch abgeraten hatten (»Bei uns im Unternehmen gibt es so etwas nicht!«, oder: »Das ist bei uns nicht erlaubt!«, oder gar: »Da spielst du aber mit deiner Kündigung!«), waren dann einigermaßen überrascht und etwas neidisch – aber damit konnte mein *Inner-Circle*-Teilnehmer sehr gut umgehen.

2. Aufmerksamkeit erregen

Jawohl! Ich weiß schon, dass es für viele erst mal unangenehm klingt, die Aufmerksamkeit auf sich zu ziehen. In unserer Kultur heißt es unter anderem »Eigenlob stinkt« oder »Bescheidenheit ist eine Tugend«. Da gibt es eine ganze Reihe solcher Glaubenssätze.

Aber wahr ist vielmehr: Wer nicht gesehen wird, wird nicht befördert. Wer nicht gesehen wird, findet keinen Partner – bei der Partnersuche ist es nebenbei bemerkt noch am wenigsten verpönt, sich sichtbar und attraktiv zu machen.

Wer erfolgreich sein will, muss seine Leistung sichtbar machen. Daher ist es wichtig, auf sich aufmerksam zu machen. Aber wie mache ich das, wirst du dich vielleicht fragen!? Die verrücktesten Ideen gewinnen – das kann ich dir aus eigener Erfahrung sagen.

Ich finde beispielsweise die Idee charmant, mithilfe von »kleinen Fehlern« von sich reden zu machen: bei einer Tagung das Namensschild verkehrt herum zu tragen, in der Annonce einen Fehler einzubauen, mit einer kurzen Hose zu einem wichtigen Businesstermin zu gehen, mit gut überlegten Geschenken oder Aufmerksamkeiten zu punkten … Kurzum: etwas Ungewöhnliches zu schreiben, sagen, tun oder etwas zu machen, wofür sich andere unter Umständen zu schade sind.

3. Keine Geheimnisse haben

Die meisten Menschen haben irgendwelche Geheimnisse, die meist in Ängsten ihren Ursprung haben. Sie sprechen nicht über Geschäftskontakte, weil sie Angst haben, das Gegenüber könnte einen Vorteil daraus ziehen.

Ich habe drei Jahre lang Fotografen ausgebildet und ihnen gezeigt, wie sie Buchungszahlen vervielfachen, ihren Umsatz und ihr Honorar verdoppeln können – weil ich keine Geheimnisse vor ihnen hatte. Ich habe meiner Konkurrenz gezeigt, wie es geht, aber keiner dieser Konkurrenten hat mir jemals irgendwann einen Job weggenommen. Ich habe sie ausgebildet und gewusst, was sie können. Wann immer *ich* ausgebucht war, habe ich Kunden zu ihnen geschickt – und wenn die Kollegen überlastet waren, und ich zufällig eine Lücke im Kalender hatte, habe *ich* den Auftrag bekommen. Irgendwann kamen dann aufgrund meiner Empfehlungen und meiner Ausbildung umgekehrt Beratungsaufträge auf mich zu sowie Einladungen und Buchungen für Vorträge.

Ich kann dir versprechen, dass immer zurückkommt, was du gibst. Manchmal nicht unmittelbar, aber es kommt zurück.

Wenn du keine Geheimnisse hast, findest du sehr viel leichter jemanden, der auch keine *vor dir* hat und sein Wissen, seine Erfahrung und seine Kontakte weitergibt und gern mit dir teilt. Suche dir Menschen, die dort sind, wo du hinwillst.

Wer zu mir kommt, dem versuche ich so viele Türen wie nur möglich zu öffnen. Oft ist es für mich ein einziges Telefonat, während er unter Umständen zwei Jahre gebraucht hätte, um diese Tür selbst öffnen zu können.

Wer keine Geheimnisse hat, hat sein Leben im Griff, das ist meine feste Überzeugung. Und das ist gleichzeitig eine ganz fabelhafte Voraussetzung für jede Art von Unternehmertum!

TAKE-AWAYS

✓ Sei wachsam und lerne, Chancen und Möglichkeiten zu erkennen und zu nutzen!

✓ Habe keine Geheimnisse!

✓ Trage deine Wünsche nach außen!

DIE TIEFEN DER SEE – DIE TIEFEN DES LEBENS

Wenn dein Schiff einen Eisberg touchiert, kann es sein, dass du drohst, mitsamt deiner Besatzung zu kentern und auch Teile deiner Flotte mitzureißen. Das will meistens keiner hören, denn kaum jemand spricht offen über die Schattenseiten auf dem Weg zum Erfolg.

Bis Mai 2021 war ich Teilzeitangestellter in einem Maschinenbauunternehmen. Aber schon im Jahr 2018 habe ich im Kopf gekündigt, den Sprung in die Selbstständigkeit gemacht und einen Großteil meiner Energie dort hineingesteckt, doch die Kündigung nie durchgezogen. Bis zu diesem einen Tag im Mai 2021. Meine Frau und ich haben nach einer Monatsreflexion bemerkt, dass ich schon Mitte des Jahres 2021 das Umsatzziel erreicht hatte, das ich mir für das gesamte Jahr 2022 gesetzt hatte. Ich war weit über meine Ziele hinausgeschossen und konnte mehr als zufrieden und stolz auf mich sein. Gemeinsam mit einem Glas Wein haben wir dann darauf angestoßen, es aber nicht übermäßig gefeiert, und sind dann ins Bett gegangen. Am nächsten Morgen wachte ich auf, es war ein wunderschöner Tag, die Sonne schien ins Schlafzimmer. Alles war in wunderbarer Ordnung.

Aber mit mir stimmte etwas nicht. In meinem ganzen Leben hatte ich so ein grauenhaftes Gefühl der Leere noch nie gehabt. Ich habe überhaupt nicht verstanden, was gerade mit mir geschah, und das machte mir Angst. Ich quälte mich aus dem Bett und ging hinüber in die Küche. Ich habe nichts gespürt außer bleierner Müdigkeit und Leere, die sich unendlich schwer und bedrohlich anfühlte.

Meine Frau war schon wach und saß in der Küche. Sie blickte hoch und sah sofort, dass etwas ganz und gar nicht okay war. Sie fragte, ob etwas passiert sei. Ich konnte ihr nicht antworten. Ich stand da und habe geweint, obwohl ich nichts, rein gar nichts gespürt habe. Nur Leere und das, obwohl ich so viel erreicht hatte, ich sah keinen Sinn, keinen Weg. Dieses Gedankenkarussell in meinem Kopf machte mir Angst.

Meine Frau dachte zuerst, dass ich mir wohl einen Infekt eingefangen hätte und schlug mir vor, zu unserem Hausarzt zu gehen. Ich ging also zum Arzt, saß wenig später bei ihm und schilderte ihm, wie es mir ging. Er stellte jede Menge Fragen und sagte dann: »Manuel, das ist ein Burnout.« Er erklärte mir die einzelnen Stadien und an welchen Parametern man sie festmacht – ich habe nur die Hälfte gehört von dem, was er mir sagte, denn ich konnte nicht aufhören zu denken: *Burn-out, ich doch nicht!!* Ich fragte ihn: »Aber wie kann das sein? Ich kann doch keine Depression haben? Ich bin der glücklichste Mensch, den man sich vorstellen kann!?«, ich war verzweifelt und verstand die Welt nicht mehr.

Am liebsten hätte ich meinen Zustand ignoriert, aber das hätte nicht geklappt, das spürte ich. Wen auch immer du in meinem Umfeld gefragt hättest, jeder hätte dir gesagt, dass er mich immer nur glücklich und motiviert kennen würde, dass ich schon frühmorgens gut gelaunt wäre, weil ich mich auf den Tag freuen würde und zu einhundert Prozent lieben würde, was ich machte. Trotzdem kam ich an diesem Tag mit einer Packung Antidepressiva nach Hause.

Meine Frau verstand die Welt ebenfalls nicht mehr.

Ich saß am Küchentisch und starrte auf diese Packung Tabletten.

Mein Arzt empfahl mir, einen Monat lang komplett herunterzufahren, viel an die frische Luft zu gehen, die Natur zu genießen, die Tabletten zu nehmen und ansonsten gar nichts zu machen. Einen Monat würde es sicher dauern, da wieder herauszukommen, zurückzufinden in meinen Alltag und wieder fit zu werden, meinte er.

Zurückfinden. Ich glaube, das war mein Weckruf. Zurück – das wollte ich überhaupt nicht, das wurde mir schlagartig klar.

Ich habe mich aus allem rausgenommen, mich komplett freigespielt. Ich bin richtig abgetaucht. Kein Instagram, keine Anfragen und keine Aufträge. Es ging einfach nicht. Aber trotz meiner aussichtslosen Lage habe ich eins getan: Ich habe sofort zum Hörer gegriffen und für die nächsten zwei Wochen jeden Tag einen oder sogar zwei Termine mit meinen Mentoren, Freunden und positiven Vorbildern ausgemacht. Ich wollte verstehen, was mit mir geschehen war. Ich habe Videotelefonate geführt, war mit ihnen wandern oder einfach auf einen Kaffee, aber was mir dabei klar geworden ist, hat mich wirklich erstaunt. So gut wie jeder meiner Gesprächspartner kannte diese Gefühle und auch ihnen ist schon öfter der Boden unter den Beinen weggerissen worden. Ich habe gefühlt mit der halben Welt geredet und plötzlich gehört: »So ist es mir auch schon gegangen ...«, oder: »Das kenne ich ...«. Gerade jene, die für mich Vorbilder waren, Kapitäne, die ich am Gipfel wähnte, während ich noch am Fuß des Berges war. In dieser Zeit habe ich unendlich viel über andere erfahren, ich habe wenig über mich geredet, sondern zugehört und erfragt, was die anderen in dieser Situation gemacht haben und wie sie den Weg aus dieser totalen Leere herausgefunden haben. Zu wissen, dass dieser Eisberg, den sie Burn-out nennen, nichts ist, was nur mir passiert, war tröstlich für mich. Es spricht halt einfach niemand so gern darüber, wenn es ihm nicht gut geht. Burn-out hat in unserer Performance-Welt keinen Platz. Die Diagnose war für mich surreal. Ich war schlecht gelaunt, ein Gefühl, das ich überhaupt nicht kannte. Ich habe geheult und wusste nicht, warum.

Mir ist in diesen dunklen Tagen klar geworden, dass ich wieder einmal viele Sachen ändern musste, und ich habe die Kraft meines Umfelds abgerufen. Allen voran durch die Unterstützung meiner Frau ist es mir gelungen, mich aus diesem Loch herauszuholen. Ich musste in der Zeit meine Anker auswerfen, mich neu ausrichten und orientieren, alle meine Techniken anwenden. Ausbrennen bei etwas, das man liebt – das darf nicht sein! Es muss nicht sein, dass andere auch an diesen Punkt kommen. Wenn es nur einen Einzigen gibt, dem ich helfen kann, bin ich schon weit mehr als zufrieden!

Was ich gelernt habe, und was mein Fazit aus dieser Zeit war, wirst du vielleicht fragen. Meine Antwort darauf kann, muss aber nicht für jedermann gelten. Ich habe schlichtweg – bei aller Freude über den Erfolg und die Sicherheit – übersehen, dass es längst zu viel war. Wir sind keine Maschinen und können nicht permanent über unsere Grenzen gehen. Irgendwann zeigt uns unser Körper auf, dass es genug ist und dass er nicht mehr kann.

Ich habe damals endlich meinen Nebenjob gekündigt, den ich aus finanzieller Sicht schon seit 2020 nicht mehr hätte machen müssen. Mir ist klar geworden, dass ich mich Seemeile für Seemeile leergefahren habe, weil die Sicherheitsängste, die mein Umfeld mir eingetrichtert hatte, so dominant geworden waren. Ich habe von einem Moment auf den anderen verstanden, dass es nicht der Erfolg ist, der dich glücklich macht, wenn du ein bestimmtes Ziel erreicht hast, sondern dass es der Weg dorthin ist. Je öfter du ein Ziel erreichst, ohne den Weg dorthin wahrgenommen, ja, genossen zu haben, desto schneller wird sich ein Gefühl der Leere einstellen, und du brennst aus. Selbst die glücklichsten und erfolgreichsten Menschen sind nicht immun dagegen, in einem

Burn-out, in einer Depression zu landen, wenn sie das nicht verstehen und verinnerlichen – ich habe in der Zeit meines Burn-outs mit vielen von ihnen gesprochen.

Viele Menschen reden vom »Ankommen«, »endlich angekommen zu sein« ist ein Zustand, den die meisten ersehnen. Aber was passiert, wenn du gerade einmal 25 Jahre alt und »angekommen« bist? Was machst du dann in den folgenden Jahren, einmal angenommen, du wirst weit über achtzig?

Du hast nicht *ein* Ziel, das du mit deinem Schiff ansteuerst. Du hast eine Route vor dir, du steuerst auf dieser Route verschiedene Häfen an, feierst kleine Erfolge. Du fährst weiter und weißt, es kommt ein neuer Hafen, und du hast keinen Stress, schnellstmöglich dort anzukommen. So muss es sein.

In meinen größten Tiefs bin ich auf meine Mission gestoßen. Dass ich mit meinem Erlebten anderen helfen kann, aus ihrem Tief wieder herauszukommen beziehungsweise überhaupt nicht dorthin zu geraten. Dass ich anderen dabei helfen kann, ihren Traum von 9:3, von Unabhängigkeit und Selbstständigkeit zu leben. Geld macht dich noch mehr zu dem, der du immer schon warst, erinnerst du dich?

Falls du dich fragst, was aus der Packung Antidepressiva geworden ist: Anfangs hatte ich sie immer mit dabei, in der Hosentasche, für den Fall der Fälle, ich weiß nicht, was ich erwartet habe. Genommen habe ich keine einzige. Heute sind die Tabletten längst abgelaufen, aber ich habe sie aufgehoben und in unseren Apothekerschrank gelegt, um mich immer daran zu erinnern, dass das Leben eine ständige Reise ist.

Ich maße mir hier nicht an, einen Leitfaden oder eine Gebrauchsanweisung zu verfassen, was bei der Diagnose Burn-out zu tun ist. Ich kann dir nur erzählen, was ich gemacht habe. Ich habe gelernt, dass es hilfreich ist, sich *sofort* zu überlegen, wer dir in dieser schlimmen und traurigen Lage helfen kann, wieder aufzustehen, und zwar ohne Tabletten. Such dir in dem Teil deines Umfelds Hilfe, der dir guttut, der dir nicht sagen wird: »Siehst du, ich hab es dir ja gesagt, dass es dir zu viel werden wird.« Such dort Hilfe, wo die Menschen es gut mit dir meinen. Such nicht nach Leidensgenossen. Ihr lauft Gefahr, euch stundenlang über euer Elend auszutauschen und auseinanderzugehen, ohne auch nur den Ansatz einer Lösung gesucht und schon gar nicht gefunden zu haben. Das bringt dich nicht weiter. Wenn das Gepäck in deinem Rucksack so schwer ist, brauchst du helfende Hände, die dich entlasten. Mach dich ans Aussortieren deines Marschgepäcks, sieh dir genau an, was andere dir abnehmen können, und wirf unnötigen Ballast sofort von Bord. Du musst der Ursache für dein Ausbrennen auf den Grund gehen – meistens ist das nicht sehr schwer herauszufinden –, und dort musst du entgegenwirken.

Kentern bringt Klarheit – Rückzug in deine Kajüte

Je stärker der Sturm tobt, desto wichtiger ist Ruhe, um Klarheit in deine Gedanken zu bringen. Angst hält dich vom klaren Denken und strukturierten Handeln ab.

Jedes Kentern, ob das ein Burn-out oder ein privater oder unternehmerischer Rückschlag ist, zwingt dich geradezu in die Klarheit.

Wirf deine Anker aus, hol dir andere Schiffe zur Hilfe. Sei aktiv. Es ist keine Schande, um Hilfe zu bitten, sondern ein Zeichen von Stärke! Meistens reicht tatsächlich ein neuer Blickwinkel, schon gehen neue Türen auf, und du bist wieder im Reinen mit dir und weißt, wie es weitergehen soll. Also runter mit dir in deine Kajüte, komm zur Ruhe und überlege dir die nächsten Schritte. Fang an, zu analysieren und zu reflektieren. Nutze die Ruhe, um nachzudenken, was da gerade passiert ist und wie es zum Kentern kommen konnte. Sobald du den Auslöser identifiziert hast, kannst du ins Handeln kommen.

Du wirst immer wieder – privat oder im Job – Momente erleben, die schwierig sind und in denen sich alles spießt. Eine besonders wichtige Technik, die du jetzt brauchen kannst, habe ich dir mit dem *Worst-Case*-Szenario schon vorgestellt, denn es ist bedeutsam, deine Angst unter Kontrolle und alle anderen Emotionen im Griff zu haben, die dich am klaren Denken hindern.

In der Sicherheit deiner Kajüte ist es gleich wärmer, ruhiger, du fühlst dich wohl und kannst nun all dein Wissen abrufen. Diesen Rückzug empfehle ich nicht nur, wenn es stürmisch wird, sondern du solltest das zu deiner Routine machen. Im Alltag kommt meistens etwas dazwischen. Wenn diese Zeit für dich, für Rückzug und Reflexion ständig hintangestellt wird und schlimmstenfalls lange gar nicht stattfindet, du über Wochen oder gar Monate hinweg dieses Gefühl hast »mir wird alles zu viel, mir geht die Kraft aus«, kann es passieren, dass du den Zeitpunkt zum Innehalten übersiehst und ausbrennst.

Ich plane meine privaten Termine ebenso wie meine geschäftlichen. Zeit für mich steht ebenso in meinem Kalender wie ein Termin mit meinem *Inner Circle*, für Beratung und für Vorträge. Da wird nicht so schnell etwas abgesagt, es muss sich schon um eine wirkliche Ausnahmesituation handeln, selbst wenn der Termin lautet: »Me-time, durchatmen, Sauna«. Ein Burn-out kannst du nur abwenden, wenn du in einer Situation maximalen Drucks Energie hast.

Planung schafft dir den nötigen Freiraum, diese Energie bereitzustellen. Versuche, deinen Tagesablauf so zu planen, dass er dich nicht einengt und dir immer die Zeit bleibt, entweder auf das Krähennest zu steigen oder dich in die Kajüte zurückzuziehen. Oft höre ich: »Ich hätte gern mehr Zeit für mich ...«, aber die meisten kommen nie an den Punkt, zu sagen: »Ich nehme mir jetzt dreimal in der Woche Zeit, um mich zu bewegen ...«, oder: »Ich nehme mir einmal im Monat zwei Tage Auszeit zum Reflektieren ...«. Wenn es im Kalender steht, dann machst du es – zumindest sehr viel eher, als wenn die ganze Woche nur mit beruflichen Terminen vollgeplant ist. Ein Muskel wächst in den Ruhephasen zwischen den Trainingseinheiten. Diese Tatsache kannst du auf dein Lebensschiff transferieren und dir zunutze machen.

Der Frachtraum in deinem Kopf

Struktur schafft Freiraum. Über die Jahre sammelst auch du, wie die meisten, sehr viele Dinge und Gedanken an. Wie im Keller oder auf dem Dachboden wird es in deinem Kopf oft unübersichtlich, und alles füllt sich, bis du irgendwann zum Entrümpeln gezwungen bist.

Wenn du länger nicht im Frachtraum deines Schiffs warst, wirst du feststellen, dass dort viel herumliegt, sich vieles aufeinanderstapelt, nichts sortiert ist. Deshalb findest du auch nichts. Dein Kopf ist voller Ideen und voll von kreativen Ergüssen, aber du kannst nichts abrufen, wenn es darauf ankommt. Struktur schafft Freiraum. Und um Strukturen schaffen zu können, brauchst du Ordnung in deinem Kopf.

Am besten wartest du nicht so lange, bis du komplett den Überblick verloren hast und eine Aufräumaktion alternativlos geworden ist. Mach das Aufräumen zu deiner Routine.

Weil ich viel unterwegs bin, habe ich mir dafür eine Software gesucht. Mit *Evernote* (ich habe es ganz zu Beginn schon kurz erwähnt) habe ich ein System gefunden, das ich jederzeit durchsuchen kann. Je öfter du damit arbeitest, desto schneller sind deine Gedanken geparkt wie auch wieder gefunden. Das gilt auch für andere Systeme – finde das, das zu dir passt.

Was in meinem Kopf ist, das schreibe ich auf. Daher kann ich viel aufnehmen, ändern, umsetzen. Wenn ich beispielsweise bei einem Vortrag bin, schreibe ich alles Interessante mit, leite für mich sofort Aufgaben ab, schreibe sie auf und setze sie um. Normalerweise ist es doch so, dass wir zu einem Vortrag gehen, zuhören, nach Hause fahren und schon am Heimweg wieder den Kopf voller anderer Gedanken haben, sodass wir zwei Drittel schon wieder vergessen haben, noch bevor wir die Haustür aufschließen. Vielleicht hast du in deiner Firma über Jahre hinweg immer wieder unterschiedliche Konzepte erstellt oder Buchideen konzipiert, die du irgendwo hingelegt hast, dich irgendwann an sie erinnerst, aber nicht mehr genau weißt, wo du sie hingepackt oder abgelegt hast. Du bist nicht einmal sicher, ob sie nicht der letzten Aufräumaktion zum Opfer gefallen sein könnten. Oder du hast ein Buch gelesen und dir darin eine Menge Dinge notiert. Du findest das Buch nicht, vielleicht hast du es verborgt und noch nicht wieder zurückbekommen? Das ist ärgerlich.

Mithilfe eines Stichwortes finde ich alles sofort wieder. Mein Frachtraum sieht aus wie ein Bücherregal – ich sehe alles auf einen Blick. Ich picke mir die Notiz heraus, die ich brauche, bearbeite sie, schreibe etwas dazu – und weg ist sie wieder (entweder erledigt oder geparkt).

"

Füll den Frachtraum in deinem Kopf nicht mit Gerümpel, sondern mit Dingen, die wirklich wichtig sind.

MANUEL SPORS

Da gibt es die Geschichte von dem Mann, der mit dem Mönch sprechen möchte. Der Mann fängt an zu reden und stellt viele Fragen, er möchte das und das und das und auch noch das wissen. Der Mönch steht auf und geht weg. Der Mann ist empört und irritiert – so etwas macht man doch nicht, jemanden einfach so stehen zu lassen. Irgendwann kommt der Mönch zurück – mit einer Tasse Tee in der einen und einer Teekanne in der anderen Hand. Er drückt dem Mann die Tasse in die Hand und gießt ihm ein. Er gießt und gießt und gießt, und der Tee plätschert über den Tassenrand auf die Untertasse und dann auf die Erde. »Du bist wie diese Teetasse«, sagt der Mönch, »da hat nichts Neues mehr Platz.«

Solange die Tasse übergeht, kann nicht nachgeschenkt werden. Erst wenn sie wieder leer ist, kannst du neue Dinge aufnehmen. Ich habe dir von einer Person in meinem Umfeld erzählt, die neue Einflüsse und Veränderungen konsequent ablehnt. Anstatt kritisch zu reflektieren, was in den vergangenen Jahren falsch gelaufen ist und Unnützes auszusortieren, steckt sie ihre ganze Energie in Sachen, die ihr schon seit Jahren keinen Erfolg gebracht haben.

Aber neue Gedanken zu denken, ist schwer.

Die Römer haben mithilfe von Baumstämmen ihre Schiffe zur Reparatur an Land gezogen. Da sind tiefe Rillen entstanden, egal auf welchem Untergrund. Selbst im Gestein kann man diese Rillen bis heute sehen.

So ist das auch mit neuen Gedanken. Dein Denken wird immer die bereits vorhandenen Rillen und Wege nehmen, denn die sind schon ausgetreten und sehr viel bequemer zu benutzen. Alte Gewohnheiten durch neue zu ersetzen, geht nicht von heute auf morgen und ist nicht so einfach, wie wir denken. Je öfter du neue Gedanken denkst, und je öfter du eine bestimmte Handlung setzt, desto tiefer werden irgendwann diese Rillen. Aber das braucht Zeit.

Es dauert zwischen 30 und 60 Tagen, bis sich eine neue

Gewohnheit etabliert hat, heißt es. Das ist der schwerste Teil: 30–60 Tage durchzuhalten.

Aber bei neuen Gewohnheiten geht es nicht darum, *wie lange* du sie festigst. Es ist egal, ob du drei Stunden Sport machst oder drei Minuten. Es geht darum, dich konsequent und täglich aufzuraffen. Nur so kannst du eine neue Gewohnheit dauerhaft etablieren.

Mindhacks für den Weg zu deiner 9:3-Routine

Ich habe mich viel mit dem Verändern von Gewohnheiten beschäftigt, und da kommen wir früher oder später an der Hirnforschung nicht vorbei und lernen, dass Gewohnheiten wirklich beharrliche Dinge sind.

Die meisten von uns sind daran gewöhnt, das zu tun, was sie immer tun. Oder sie tun das, was ihnen ihr Umfeld aufzwingt und vorlebt. Unendlich viele Abläufe wohnen uns so tief inne, dass wir sie nicht einmal mehr als solche wahrnehmen. Zähneputzen geht wie von allein, das Aufbrühen von Tee ebenfalls. Ebenso ist es in unserem Kulturkreis meistens selbstverständlich, dass wir in den Kindergarten gehen, eine Schule besuchen, studieren oder einen Beruf erlernen, mit dem wir dann unseren Lebensunterhalt bestreiten. Aus Strukturen auszubrechen, erfordert Kraft und Mut. Wer keinen Alkohol trinkt, weiß, was ich meine. »Danke, nein!« oder: »Vielen Dank, ich trinke nicht!« versetzt andere oft in Staunen, ist Trinken in unserem Kulturkreis doch irgendwie eine fragwürdige Selbstverständlichkeit geworden. »Und? Hast du Stress?«, höre ich auch immer wieder einmal. Es gehört für die Allgemeinheit beinahe zum guten Ton, sich abzurackern und abends todmüde vor Stress und Erschöpfung ins Bett zu fallen. Plötzlich zu sagen: »Nein, ich habe überhaupt keinen Stress!«, oder gar: »Ich arbeite nur mehr drei Viertel des Jahres!«, löst meistens Unverständnis und Irritation in unserem Umfeld aus. Sich davon nicht beirren zu lassen, erfordert ein gutes Mindset und das Wissen um Life- und Mindhacks, die ihre Wirkung erstaunlich schnell entfalten.

Wie so oft sind es Kleinigkeiten, die Großes bewirken. Mit kleinen Hacks können wir ganz einfach neue Rillen schaffen, bis die alten und unnützen nach und nach verschwinden. Diese kleine Sammlung an Tricks möchte ich dir gern mit an die Hand geben. Ich kann mir gut vorstellen, dass der eine oder andere Tipp dich unterstützen und sich als ungeahnt wirkungsvoll erweisen kann.

Wie du Abstand zu schlechten Einflüssen gewinnst

Hast du vielleicht auch so eine Gewohnheit, wie etwa heimzukommen und dreißig Minuten vor dem Fernsehgerät zu sitzen, anstatt Sport zu machen (was du dir wiederholt vorgenommen hast)? Oder dass du beim Gespräch mit anderen zuerst das Negative siehst? Oder du immer zu spät bist, egal, worum es geht: beim Aufstehen, bei Terminen? Oder hast du die Angewohnheit, andere nicht ausreden zu lassen, ihnen ins Wort zu fallen oder aus einem Reflex heraus während eines Gesprächs das Mobiltelefon zur Hand zu nehmen?

Egal, worum es in deinem Leben geht – dein Umfeld ist wieder einmal der Dreh- und Angelpunkt von allem. Gute Einflüsse bringen dich voran, motivieren dich. Schlechte Einflüsse und Negativität bewirken das Gegenteil. Deshalb ist es so wichtig, Abstand von schlechten Einflüssen in deinem Umfeld zu halten.

Lass uns einmal annehmen, du möchtest mit dem Rauchen aufhören. Wenn dein Umfeld vorwiegend aus Rauchern besteht, wird es umso schwieriger für dich werden.

Wenn es dir gelingt, der Verlockung regelmäßig aus dem Weg zu gehen, insbesondere, wenn du spürst, dass heute ein Tag ist, an dem das Verlangen – vielleicht stressbedingt – größer ist als sonst, wirst du es mit dem Durchhalten viel leichter haben.

Wenn dein Unternehmen nicht gut läuft, solltest du dich nicht auch noch mit Unternehmerkollegen zusammensetzen, deren Unternehmen ebenfalls nicht gut läuft – ihr werdet über nichts anderes reden, als dass im Moment alles so schwierig ist, und das bringt euch nicht weiter. Du musst dir jemanden suchen, bei dem es gut läuft und von ihm lernen.

Wenn dein Partner, deine Familie oder Freunde nicht verstehen, dass du mit dem Fahrrad auf den Großglockner willst und dich darauf vorbereiten möchtest, werden sie dich nicht unterstützen. Im Gegenteil. Du brauchst Gleichgesinnte um dich. Menschen, die das schon geschafft haben, dir Tipps geben und dich positiv bestärken.

Wenn du den Weg in die Selbstständigkeit planst, solltest du dich nicht mit gescheiterten Unternehmern zusammensetzen oder mit Menschen, die dich vor dem möglichen Scheitern schützen wollen. Du kannst ihnen zuhören und für dich den einen oder anderen Schluss ziehen. Aber schau dir zuallererst die Erfolgreichen an, deine Mentoren, deine Vorbilder und frage sie, wie sie das geschafft haben.

Wer dich nicht versteht oder deine Vorhaben ablehnt, wird dir eher mit Abwehr und Kontraproduktivität begegnen als mit Unterstützung und positiver Bestärkung. Halte Abstand zu allen Einflüssen, die es dir schwermachen, deine Vorhaben umzusetzen.

Die bestmögliche Version von dir sein!

Du kennst das mit Sicherheit, dass du dich an manchen Tagen regelrecht aus dem Bett quälen musst. Dann bist du meistens zu spät dran, musst aufspringen und gleich los. Keine Zeit mehr für eine Tasse Tee, von Frühstück oder einem Blick auf die wichtigsten News ganz zu schweigen.

Das ist demotivierend – an diesen Tagen hast du oft bis abends das Gefühl, dem Tag hinterherzurennen. Denn auf eine Verspätung folgt die nächste und so weiter.

Aber vielleicht kennst du auch das: Du kannst es kaum erwarten, in den Tag zu starten, weil du voller Tatendrang und Motivation bist.

Nimm dir in beiden Fällen am Morgen ein paar Momente nur für dich. Auch wenn du schon ein wenig zu spät bist, und auch wenn du vor lauter Motivation kaum geradeaus laufen kannst. Nimm dir bewusst vor, das Beste aus diesem Tag zu machen. Nimm dir vor, die bestmögliche Version von dir zu sein, sodass du am Abend zufrieden mit dir sein wirst. Denke dir oder sprich es gerne laut aus: »Ich freue mich schon auf die heutige Sporteinheit, und auch wenn sie nur kurz ausfällt, werde ich sie genießen ...«, oder: »Auch wenn ich nicht alle Übungen schaffe, ist jede Übung besser als keine, und ich kann zufrieden sein mit mir ...«. Oder: »Am liebsten würde ich drei Tage durcharbeiten, aber ich kenne meine Grenzen. Lieber laufe ich noch eine Runde um den Block, um am nächsten Morgen wieder voller Energie zu sein.«

Die Autopilot-Methode

Du kannst in der Regel Gewohnheiten nicht von heute auf morgen komplett ändern. Daher empfehle ich, sie langsam, schrittweise, aber dafür täglich konsequent zu ändern.

Nehmen wir einmal an, du möchtest auf Social Media

mehr Sichtbarkeit erreichen und besser gefunden werden. Meine Empfehlung lautet, dreimal täglich eine Story zu posten. Aber das ist am Anfang schwer. Du vergisst immer wieder darauf, du denkst nicht daran, oder etwas anderes ist gerade wichtiger. Hier ist die Autopilot-Methode – ein unglaublich hilfreiches und wirksames Tool!

Stelle dir dazu täglich zu den drei Uhrzeiten, an denen du posten möchtest, einen Wecker. Denke an dein Schiff, das du aus dem Hafen lenkst. Du musst zu Beginn immer manuell steuern, zuerst an anderen Schiffen vorbei, an Bojen, möglicherweise an einem Leuchtturm oder durch Meeresengen. Das erfordert deine ganze Aufmerksamkeit und Wachsamkeit. Erst wenn du aus dem Hafengebiet raus bist, kannst du den Autopiloten aktivieren. So ist das auch mit deinen Gewohnheiten. Stell dir also mindestens 30 Tage lang den Wecker. Irgendwann wirst du feststellen, dass du ihn nicht mehr brauchst, weil dein Autopilot jetzt aktiv ist!

Die Wenn-Dann-Methode

Um es dir wieder ein Stück einfacher zu machen, deinen inneren Kraken zu überlisten, stelle ich dir jetzt eine meiner Lieblingstechniken vor.

Bei dir läuft das sicher auch oft so wie bei mir: Du kommst nach Hause und denkst dir: *Bevor ich jetzt mit dem Sport anfange, setze ich mich noch zehn Minuten auf die Couch und atme durch.* Und dann stellst du fest: Du kommst nicht mehr hoch und kannst dich beim besten Willen nicht zum Sport überwinden.

Du möchtest das gern loswerden?

Am besten bereitest du dir am Vorabend schon dein Sportoutfit vor und legst es bereit.

Du »programmierst« dich wie folgt: »Wenn ich heimkomme, ziehe ich mich noch im Vorraum um und gehe direkt zum Training!« – So machst du es dir unendlich viel einfacher, nicht auf der Couch zu landen, denn du kommst nicht einmal in ihre Nähe (siehst du, wie gut es ist, Abstand von schlechten Einflüssen zu nehmen?)!

Oder, einmal angenommen, du willst schon seit Monaten die Garage entrümpeln.

Programmiere dich wie folgt: »Wenn ich von der Arbeit heimkomme, gehe ich direkt in die Garage und packe das Auto voll mit Sachen, die ich gleich am nächsten Morgen in das Altstoffsammelzentrum bringe!« – Du gehst gar nicht erst ins Haus und läufst nicht Gefahr, vor dem TV-Gerät zu landen.

Du bist überzeugt, dass 9:3 und die Selbstständigkeit das Richtige für dich sind, aber dein Umfeld eher nicht so? Programmiere dich wie folgt: »Wenn mein Vater heute wieder damit anfängt, mir zu sagen, wie enttäuscht er von mir ist, dass ich meinen gut bezahlten Job aufgebe, und er mir erzählt, was alles schiefgehen kann, dann umarme ich ihn, bedanke mich für seine Fürsorge und sage ihm, dass ich es trotzdem gern probieren möchte.«

Für deinen Plan, dein Leben künftig leichter zu gestalten, neun Monate volles Commitment und drei Monate Auszeit pro Jahr zu realisieren, ist die Wenn-Dann-Methode ebenfalls ein hilfreiches Werkzeug. Nutze deine 9:3-Pläne wie eine Affirmation und sage dir täglich: »Wenn ich neun Monate Gas gebe, kann ich drei Monate Urlaub machen!«

Täglich und konsequent

Das Wichtigste bei allen Vorhaben ist: Mache jeden Tag etwas. Jeden Tag einen Teil. Es ist nicht wichtig, jeden Tag alles zu machen, zwei Stunden Training beispielsweise. Aber es ist wichtig, jeden Tag *etwas* zu tun. 15 Minuten Yoga oder 15 Minuten laufen, eine halbe Stunde spazieren gehen – das ist nicht viel, es dauert nicht lange, aber deine neue Gewohnheit wird zunehmend stärker.

Jeden Tag ein Stück Negativität aus deinem Leben zu verbannen – es geht nicht alles auf einmal, aber jeden Tag ein wenig mehr Abstand zu gewinnen von negativen Einflüssen –, schon die kleinste Einheit wirkt wie ein Motivationsbooster.

Auch wenn sich die drei Monate Urlaub im Jahr nicht von Anfang an realisieren lassen, arbeitest du täglich daran. Du bekommst jeden Tag den Impuls, dorthin zu wollen, und das stärkt deine Willenskraft. Irgendwann wirst du feststellen, dass du deine alte, vielleicht ungesunde oder kontraproduktive Gewohnheit gegen eine neue, sehr viel bessere ausgetauscht hast. Und dass es dir gelungen ist, zu realisieren, wovon andere träumen!

TAKE-AWAYS

✓ Wenn es dich richtig in die Tiefe reißt, suche dir sofort Hilfe, denn das ist wahre Stärke!

✓ Sortiere und leere deinen Frachtraum im Kopf regelmäßig.

✓ Alte Gewohnheiten sind tiefe Rillen, und neue bekommst du nur durch viel Wiederholung gefestigt.

✓ Schaffe dir Freiraum durch gute Strukturen und saubere Planung!

Es fing an, als ich in der dritten Klasse Mittelschule war. Mein damals bester Freund, mit dem ich die meiste Zeit verbracht habe, hat die Lawine losgetreten und bei meiner Geburtstagsfeier das Gerücht in die Welt gesetzt, ich sei homosexuell. Damit konnte ich erst einmal überhaupt nichts anfangen. Mit zwölf Jahren hätte ich die Frage, ob ich schwul bin oder nicht, wahrscheinlich noch gar nicht beantworten können, ich hatte mir auch niemals Gedanken darüber gemacht, wahrscheinlich weil ich bezüglich meiner sexuellen Orientierung bis dahin auf keinerlei Unstimmigkeiten gestoßen war, denn ich war hochinteressiert an Mädchen. Als nun dieses Gerücht im Raum stand, ich sei schwul, habe ich das zunächst weder als Vorwurf noch als Makel empfunden, denn ich war schon damals der Ansicht, dass es egal sein muss, wen man liebt. Die anderen zwölf-, dreizehnjährigen pubertierenden Mitschüler sahen das scheinbar anders. Es wurde getuschelt, und ich hatte plötzlich das Gefühl »falsch« zu sein, ohne zu verstehen, weshalb.

Eines Tages kam ich am Weg zur Schule an einer langen Graffitiwand vorbei. Ich war damals selbst Sprayer und sah deshalb auch bewusst hin, andernfalls wäre ich vielleicht sogar einfach daran vorbeigelaufen, ohne es zu bemerken. Jedenfalls stand da in großen Buchstaben: *Manuel Spors ist schwul.* An dieser Wand kam praktisch die ganze Schule vorbei, Lehrer wie Schüler.

Ich ging mit gesenktem Blick über den Schulhof. Meine Klasse war damals im zweiten Stock. Kalte Blicke trafen mich, das spürte ich, auch wenn ich es vermied, jemanden anzusehen. Mir war richtig heiß, als ich im zweiten Stock ankam, denn ich musste jetzt in diese Klasse, ohne zu wissen, wer von meinen Mitschülern das an diese Wand geschmiert hatte. Irgendwie konnte es jeder gewesen sein. Ich war innerlich völlig aufgewühlt, bin mit einem Lächeln in die Klasse gegangen, habe Stunde für Stunde abgesessen und bin dann heulend heimgekommen. Ich war emotional völlig aufgelöst. Mitten in der Nacht bin ich mit meinen Eltern den Schulweg entlang zu dieser Mauer gegangen, und wir haben den Schriftzug gemeinsam übersprüht, damit ich nicht am nächsten Morgen am Weg zur Schule wieder daran vorbeigehen musste.

Am nächsten Tag war ich an der Reihe, ein Referat zu halten. Ich stand vorne an der Tafel vor 22 Mitschülern und wusste, sie hassen mich, sie lästern über mich. Ich habe mich auf mein Referat konzentriert und bemerkt, dass es während meines Referats ganz still war, alle haben zugehört, keiner hat dazwischengelabert, wie das sonst so üblich war. Für das Referat habe ich die Note Eins mit Sternchen bekommen (eine besonders gute und hervorzuhebende Eins also), und es hat mir sehr viel Stärke gegeben, das trotz des Gegenwinds geschafft zu haben.

Meine Eltern waren später wegen der Sprühaktion gemeinsam mit mir beim Schuldirektor, und wir haben es auch bei der Polizei gemeldet. Die Polizisten erklärten uns damals, dass sie theoretisch in die Klasse kommen und den Schülern erklären könnten, dass so eine Aktion sehr unangenehme (auch rechtliche) Folgen haben könnte. »Aber wir wollen ganz offen sein zu Ihnen«, sagten sie, »es wird für Ihren Sohn nicht besser werden, ganz im Gegenteil.« Dieses Gefühl des Zwiespalts und der Ratlosigkeit wünsche ich niemandem, das kannst du mir glauben!

Bald war mir Abstand gegönnt, denn die Sommerferien begannen.

Leider wurde nach dem Sommer nichts besser, denn das Mobbing ging im nächsten Schuljahr weiter. Die Schule wollte ich nicht wechseln, denn so groß ist Salzburg nicht, das würde sich auch in der neuen Schule herumsprechen, davon war ich überzeugt. Es gab mehrmals Situationen, wo ich kurz vor dem Abbrechen stand, die Reifen meines Rades wurden zerstochen, ich wurde vom Rad gestoßen, und es kam zu Handgreiflichkeiten, aber ich habe dieses letzte Jahr runtergebogen und kam in eine neue Schule, wo ich den Polytechnischen Lehrgang absolvierte.

Zwei Monate lang ging es mir gut, und es fühlte sich fast so an, als wäre mir im letzten Pflichtschuljahr meines Lebens ein wenig Normalität gegönnt. Aber, falsch gedacht. Irgendwann kam jemand, der jemanden kannte und so weiter. Zwei meiner neuen Schulkameraden waren mit einem Ex-Schulkollegen befreundet, der den beiden »die ganze Wahrheit« erzählte, von wegen ich sei schwul und ... was weiß ich noch alles. Ich weiß es wirklich nicht, das ist ja das Perfide an Mobbing und an Ausgrenzung allgemein – der Betroffene weiß in den meisten Fällen nicht einmal, worum es geht. Und die Mitläufer ebenfalls nicht, und das ist das Allerschlimmste.

Obwohl es für mich die schlimmste Zeit meines Lebens war, hat sie mich zu dem gemacht, der ich heute bin. Ich habe damals bei dem Referat in einer unglaublich unangenehmen Situation gespürt, dass mir das Reden wirklich liegt. Ich habe in diesen Momenten begonnen, zu realisieren, dass darin mein wirkliches Talent besteht, und es ist sicher so, dass auch das eine Art Initialzündung war, die mich letztendlich auf die Bühne gebracht hat.

Mobbing war das Beste, was mir passieren konnte!

So seltsam es klingt: Mobbing war wirklich das Beste, was mir passieren konnte. Mir ist klar, dass das provokant wirkt. Aber es ist tatsächlich ernst gemeint. Es gibt schreckliche Erfahrungen, die uns zustoßen, an denen wir aber dennoch nicht zerbrechen, sondern daran wachsen können. Oft erschließt sich uns das Positive nicht sofort, und es dauert ein wenig, bis wir den Veränderungen, die solche Einschnitte mit sich bringen, etwas Positives abgewinnen können.

Mir hat meine Erfahrung mit Mobbing und Burn-out gezeigt, wie stark ich eigentlich bin. Mir hat das Mobbing meine größte Stärke offenbart – das Reden.

Was ich dir zum Thema Angst gesagt habe, gilt auch für Mobbing: Es ist wichtig, sich darauf vorzubereiten. Das gilt für Erwachsene ebenso wie für Kinder. Aus meiner Mobbingerfahrung heraus ist eine Mission entstanden. Nicht etwa in den Minuten, in denen ich da vor meiner Klasse stand. Ich habe das Thema lange Zeit verdrängt und versucht, mir nichts anmerken zu lassen. Ich wollte nicht, dass die anderen sehen, wie getroffen ich war. Außer meinen Eltern gab es niemanden, mit dem ich darüber reden hätte können. Wie wichtig das Darüber-Reden aber ist, ist mir erst später bewusst geworden.

Ich gehe deshalb heute ehrenamtlich in Schulen und Vereine und spreche darüber, ich gebe meine Erfahrungen weiter und zeige Strategien, wie am besten damit umzugehen ist. Denn Mobbing ist leider allgegenwärtig. Ob Schulkind oder Student, ob Angestellter oder Vorgesetzter, ob verbal oder körperlich oder beides, ob offensiv oder anonym.

Es kann jeden von uns und überall treffen. Und seit es die Möglichkeit gibt, auf Social Media anonyme Kommentare abzugeben, ist es leichter als zuvor, andere auszugrenzen, zu denunzieren und zu mobben.

Sich gegen derartige Kanonenschüsse zu wehren, ist nicht leicht, und schon gar nicht ist es angenehm, sich damit auseinanderzusetzen. Wer mag sich schon in so ein ungutes, demütigendes und gleichzeitig von der Gesellschaft heruntergespieltes Thema hineindenken (»Sind ja nur Worte ...«, »Ignoriere diese bösen Kommentare doch einfach!«, »Blockiere den Account, dann siehst du diese Gemeinheiten nicht mehr!«)?

Wer nicht auf so etwas vorbereitet ist, dem helfen solche

Ratschläge nicht und dem reißt es ein Loch in den Schiffsrumpf, es zieht ihm den Boden unter den Füßen weg.

Die Untiefen des weltweiten Netzes machen es den Mobbern leicht, dort können sie sich hinter Anonymität verstecken. Gerade in den sozialen Medien kommt es auch ungewollt zu Missverständnissen, da in der Unterhaltung die persönliche Ebene fehlt, sodass wir oft nicht nachdenken und leicht etwas Böses schreiben, ohne uns bewusst zu machen, was das beim Gegenüber auslösen kann. Das soll keine Entschuldigung sein, nur eine Erklärung, und sie soll das Bewusstsein schärfen, auch bei noch so rasch abgesetzten Nachrichten einfach jedes Mal zu reflektieren, was wir schreiben, und uns auch in den Empfänger hineinzuversetzen (weiß der andere jetzt, wie ich das meine?).

Kanonenschüsse einstecken und parieren

In deinem Leben wirst du immer wieder angegriffen werden. Eine der wichtigsten Strategien, dich davor zu wappnen, ist, dass du nicht in Schockstarre verfällst. Wenn ein Angriff kommt, heißt es, zu reagieren und nicht wie angewurzelt stehen zu bleiben.

Das können Tiefschläge aus dem Privatleben sein, das kann ein Hasskommentar sein oder die Angst davor, nicht genug zu verdienen. Ich habe es hier mal für dich in vier einfache Punkte aufgeteilt, am besten nutzt du alle gleichzeitig:

1. Immer das Positive suchen

Natürlich wirst du jetzt sagen, das ist doch die Lösung für alles! Aber lass mich erklären: Irgendwann in der Zeit, als meine Selbstständigkeit schon gut ins Laufen gekommen war, kam ich eines Tages in meinen damaligen Noch-Nebenjob und hatte anstatt eines T-Shirts ein Poloshirt zur kurzen Hose an. »Aha …«, hieß es da,

»… Manuel kommt neuerdings mit einem Polo …«, was genau mir meine Kollegen damit sagen wollten, weiß ich nicht. Aber in den Köpfen war vermutlich so etwas wie: »Glaubt er jetzt, er ist was Besseres?« Aber was *ich* dir sagen will, ist, dass schon das allergeringste Anders-Sein ausreichen kann, ausgegrenzt oder gemobbt zu werden oder dass Menschen hinter deinem Rücken über dich sprechen.

Ich habe mein Anders-Angezogen-Sein zu meinem Markenzeichen gemacht. Jeder in Salzburg kennt den Hochzeitsfotografen mit der kurzen Hose, die ich im Winter wie im Sommer trage.

Überlege dir bei jeder schmerzhaften Situation, ob du nicht auch etwas Gutes daraus ziehen kannst.

2. Ein starkes Mindset

Egal, ob dir ein Kunde absagt oder ob du innerhalb der Familie aneckst: Wenn dein Mindset stark ist, inklusiver aller Bestandteile deines Settings, kannst du das abfedern.

Ein Freund von mir fängt schon bei seinen Kindern damit an. Auf den Nachttischen der Kids stehen Glaubenssätze wie »Du bist stark«, »Du wirst es schaffen«, »Du bist gesund«. Er sitzt jeden Abend bei den Kindern am Bett und spricht diese Sätze in der Du-Form, und die Kids wiederholen die Sätze in der Ich-Form: »Ich bin stark«, »Ich werde es schaffen«, »Ich bin gesund«. Das ist etwas ganz anderes, als wenn du dauernd hörst »Sei ruhig, wenn die Erwachsenen miteinander sprechen«, »Dafür bist du noch zu klein« oder »Das kannst du nicht«.

Wer hingegen mit so starken Worten wie die Kinder meines Freundes einschläft und in den nächsten Tag startet, hat ganz andere Voraussetzungen, auch wenn einmal scharf geschossen werden sollte – und das passiert auf dem Schulhof oder in der Arbeit schon einmal.

3. Motivation und Emotion kommt von *Motion*

Wenn dich ein Angriff trifft, bist du meist bewegungs-unfähig. Wenn du getroffen bist, kannst du dich durch *Motion*, durch Bewegung, wieder herausholen. Du kennst das sicher, wenn von außen ein negativer Impuls kommt, ein Angriff gar, irgendetwas, das dich trifft, sei es eine negative Rückmeldung von einem Kunden oder ein Auftrag, der an den Konkurrenten gegangen ist. Du bist sprachlos, du weißt nicht, wie du damit umgehen sollst.

Um aus dieser Starre und Sprachlosigkeit herauszu-kommen, gibt es drei Möglichkeiten, wie du sofort auf deine Emotion einwirken kannst:

- *Bewegung!*
  Wenn du das Gefühl hast, du bist unmotiviert oder in einem emotionalen Tief, ist Bewegung unglaublich hilfreich. Bewege dich! Meistens reicht es schon, an die frische Luft zu gehen und eine Runde in deinem Tempo zu spazieren.

- *Extrinsische Motivation!*
  Hol dir Motivation von außen. Triff dich mit dem richtigen Umfeld, um positive Impulse zu bekommen. Oder besuche ein Seminar. Nachdem du aber vermut-lich nicht jeden Tag auf ein Seminar gehen kannst, hilft oft auch eine Playlist mit deiner Lieblingsmu-sik. Wenn du dich zu deiner Lieblingsmusik bewegst, kannst du gar nicht schlecht gelaunt und demotiviert sein.

- *Intrinsische Motivation!*
  Das ist dein Mindset! Wenn dein Mindset noch nicht stark genug ist, es sofort abzurufen, ist das einerseits die trägste der drei Varianten, andererseits die wir-kungsvollste. Genau deshalb empfehle ich dir natür-lich ein starkes Mindset und eine gute Einstellung. Aber auch hier siehst du wieder, dass du mit dem

richtigen Umfeld und Bewegung in kürzerer Zeit viel verändern kannst.

4. Körperanker

Der Körperanker ist eine besonders coole Technik und ein sehr effizientes Tool.

Stell dir eine Siegerpose vor, stell dir vor, wie du dich als Sieger fühlst. Leg kurz das Buch zur Seite und mach mit. Frage dich, wie du Motivation für dich beschreiben würdest. Stell dir vor, du willst motiviert sein oder eine bestimmte Situation souverän meistern. Oder imaginiere, wie es sich anfühlt, wenn du dein persönliches Intervall-Arbeitsmodell und drei Monate Jahresurlaub realisiert hast!

Nimm dieses Gefühl und stell dir vor, das Gefühl ist ein Ball in deinem Bauch. Welches Gefühl durchströmt dich jetzt? Ist das warm, sind das Schmetterlinge im Bauch? Wie fühlt sich das an? Wenn du das Gefühl spüren willst, holst du den Ball hoch und machst deine Siegerpose, die zu diesem Gefühl gehört – übertreibe gern dabei! Ich nutze diese Technik vor jedem meiner Auftritte oder Beratungen, um mich in die richtige Motivation und Emotion zu bringen und alle Nervosität oder Ängste auszuklammern. Dadurch kommst du aus dem Kopf der Angst und der Emotion in den Körper und in deine Motivation.

Und so geht »Motivation« bei mir: Ich hole den Ball mit dem Motivationsgefühl nach oben, schlage mir auf die Brust und strecke die Arme hoch. Wenn du das oft machst und täglich übst, kannst du das Gefühl auch ohne die Bewegung auslösen, weil dein Körper es ja kennt. Da reichen kleine Gesten oder nur Andeutungen, dass sich das Gefühl bei dir einstellt.

Nutze es am besten täglich, um dich in der Früh zu motivieren und damit es in schweren Situationen dann auch auf Knopfdruck funktioniert.

TAKE-AWAYS

✓ Es sind oft die dunkelsten Momente im Leben, die sich später als positive Meilensteine entpuppen!

✓ Lerne, an allem etwas Positives zu finden!

✓ Nutze die Motivationstechniken, um dich aus der Angst zu holen!

DEINE KURSPLANUNG MIT DER ZIEL-INSEL-METHODE®

Arnold Schwarzenegger hat sinngemäß gesagt, jeder Plan B sei doch im Grunde das Scheitern von Plan A. Ganz so streng sehe ich das nicht, denn ich persönlich habe schon oft die Erfahrung gemacht, dass sich der Weg zu einem Ziel durchaus ändern kann.

Du brauchst ein klares Ziel, aber wann du es erreichst, wie und ob du vielleicht einen kleinen Umweg nehmen musst, liegt nicht immer in deiner Hand.

Es gibt einen ganzen Haufen an Literatur zum Thema »Ziele finden und definieren«. Aber warum gelingt es dann so wenigen Menschen, ihre Ziele auch zu erreichen? Oder aber: Warum fallen Menschen in ein tiefes Loch, sobald sie ihre Ziele erreicht haben?

Die meisten Experten – egal ob an der Uni oder auf YouTube-Tutorials – legen dir hinsichtlich Zielfindung das SMART-Prinzip ans Herz: spezifisch soll dein Ziel sein, messbar, attraktiv, realistisch, terminisiert. Und das ist meines Erachtens völliger Unsinn! Nicht das SMART-Prinzip entscheidet, ob du ein Ziel letztendlich erreichst, sondern ob du es dir erträumen kannst. Ob es dir gelingt, den Weg dorthin sowie das Gefühl des Erfolgs schon vorher in all seinen Facetten zu spüren, und ob du vorbereitet bist für die Reise. Ich kann dir aus meiner Erfahrung sagen: Die meisten Unternehmer, die ich kennenlernen und beratend begleiten darf, starten ohne jeglichen Plan in die Selbstständigkeit. In der Fotografenszene sehe ich das schon deshalb oft, weil ich selbst in der Branche tätig bin und daher viele Kunden in diesem Umfeld habe. Eine Kamera und Begeisterung – mehr, denken sie, brauchen sie nicht. Bis der Steuer-, Bank- oder Unternehmensberater kommt, der ihnen sagt, sie brauchen Ziele, ein Jahresziel, ein Umsatzziel. Das geht dann so: Er rechnet die Ausgaben zusammen, denkt zum Glück auch an die meist versteckten Nebenkosten, und kommt auf einen Betrag von einmal angenommen 80.000 Euro pro Jahr. Wer zuvor angestellt war, hatte vielleicht nicht mehr als 24.000 Euro pro Jahr und fragt sich nun zu Recht, wie er das plötzlich vervierfachen soll. In dem Moment, wo du dastehst und rechnest, begegnet dir etwas, das wir in diesem Buch schon kennengelernt haben. Die Angst. Angst hemmt uns. Angst hindert uns. Sie tut, als wäre sie unser Freund, aber das ist sie nicht.

Mach dir Gedanken darüber, was dein Wunsch ist. Wohin soll es gehen mit deiner Selbstständigkeit? Du kennst deine Werte und kannst moglicherweise sofort alle finanziellen Ängste über Bord werfen, weil deine Selbstständigkeit nicht auf Reichtum abzielt, sondern darauf, mehr Freiheit und mehr Freizeit zu haben.

Dein Nordstern – Dein Warum

Du brauchst ein Warum, einen Sinn, einen Herzenswunsch – an dieser Forderung kommst du nicht vorbei, wenn es um den Inhalt deiner Selbstständigkeit und um die Festlegung deiner Ziele geht. Aber wie findest du Sinn, wo findest du dein Warum, deinen Herzenswunsch? Ich glaube, dass du den Sinn deines Lebens nicht daheim im Büro beim Denken findest, sondern während der Reise, beim Tun und am Weg zu deinem Ziel.

Meine Frau und ich waren zwei Wochen in der Toskana, haben eine Woche auf der Isola del Giglio Urlaub gemacht, und der Plan war, uns anschließend mit Teilnehmern zum jährlichen *Inner-Circle*-Offlineseminar auf dem Festland zu treffen.

Jemand vom Campingplatzteam hatte uns freundlicherweise die Fähre von der Insel gebucht, wir hatten also alles, was wir brauchten, und wollten die Zeit nutzen, am Pier einen Kaffee zu trinken und später noch ein wenig durch das Dorf zu flanieren und vielleicht eine Kleinigkeit zu Mittag zu essen. Das Auto stand zehn Minuten entfernt auf dem Parkplatz. Es war megaheiß, die heißeste Zeit des Tages, die Luft flirrte, und die Sonne brannte. Plötzlich schlug mein innerer Kompass an, und ich hatte auf einmal ein komisches Gefühl, das ich mir zuerst nicht erklären konnte. Ich sah noch einmal auf unser Ticket, auf dem neben dem Datum lediglich die Personen- und Fahrzeuganzahl vermerkt waren.

Am Horizont tauchte dann der Grund für meine Unruhe auf. Die Fähre! Die sollte aber erst in drei Stunden kommen! Die Fähre legte an, und die ersten Autos fuhren schon rauf. Ich wurde noch unruhiger und ging zum Schalter, um nachzufragen. Die Dame am Schalter sagte mir: »You have a wrong ticket.« Ein falsches Ticket, wie bitte? – »What do you mean?«, fragte ich sie. »You have a ticket *to* Giglio not *from* Giglio«, und ich wusste auf einen Schlag, was das bedeutete. Uns war ein Ticket vom Festland zur Insel gebucht worden und nicht umgekehrt. Die Fähre von der Insel ankerte aber soeben vor uns und lud auf. Die nächste Fähre stand erst mehrere Stunden später auf dem Fahrplan. Um 18:00 Uhr war der Start des *Inner Circle* vereinbart. Auf dem Festland.

»If you are fast … we have one ticket left!«, sagte die Dame am Schalter, okay, ein Ticket noch, das nehmen wir. »But you have only three minutes!«, hörte ich sie noch rufen.

Mir schoss endgültig das Adrenalin ein. Ich warf meiner

Frau die Geldbörse auf den Tisch: »Zahlen! Jetzt! Und rauf auf die Fähre!!«, drehte mich um und rannte los. In Flip-Flops. Nach den ersten fünf Metern habe ich festgestellt, dass Rennen in Flip-Flops richtig schlecht funktioniert, habe sie ausgezogen, in die Hand genommen und bin den restlichen Weg zum Auto barfuß gesprintet. Ich wusste, ich habe drei Minuten, das Auto steht aber zehn Minuten entfernt. Im Prinzip musst du da gar nicht erst anfangen zu rennen, aber ich rannte, als ginge es um mein Leben. Der Untergrund fühlte sich an, als würde ich über glühende Kohlen laufen, meine Lunge brannte, es hatte 43 Grad, und ich war innerhalb von Sekunden schweißgebadet. Ich riss die Autotür auf, im Wageninneren hatte es 60 Grad und ich dachte, mich trifft der Schlag. Meine Füße brannten wie die Hölle und waren komplett schwarz vom Staub und Schmutz. Ich trat aufs Gas, vom ersten direkt in den fünften Gang und raste durch die Minigässchen auf die Fähre zu.

Frag mich nicht, wie, aber ich habe es geschafft, und zwar eine halbe Minute, bevor die Fähre ablegte. Ich stieg aus dem Auto, rannte zur Reling und kotzte im Strahl ins Meer. Mir ging es *richtig* schlecht, und es dauerte eine ganze Weile, bis sich mein Körper wieder beruhigt hatte.

In dem Moment, als ich kotzend über der Reling hing, wurde mir klar: Ich bin nicht meinetwegen gerannt! Ich hätte theoretisch die Fähre am nächsten Tag nehmen können, und jeder andere hätte das an meiner Stelle wohl auch getan, denn in drei Minuten zu schaffen, wofür du zehn benötigst, ist ein einigermaßen hoffnungsloses Unterfangen. Es sei denn, dein Warum ist stark genug. So stark, dass du es trotzdem versuchst.

Heute, wieder bei Atem, bin ich unheimlich dankbar für den Fehler der Campingplatzassistentin, denn sonst wäre mir das gar nicht passiert! Ich habe seither in mir das Gefühl fest verankert, das ein starkes Warum auslöst!

Wenn dir Menschen, Ziele, Werte *wirklich* wichtig

sind, wenn dein Warum stark genug ist, dann schaffst du Dinge, die jeder andere aufgeben oder gar nicht erst anfangen würde. Du erreichst vermeintlich Unmögliches!

Dein Visionboard

Mach dir keinen Stress, wenn du nicht auf Anhieb beantworten kannst, was dein Warum ist. Es wird dich auf jeden Fall finden, darauf kannst du dich verlassen. Dafür zeige ich dir nun ein weiteres meiner Lieblingstools, das Visionboard.

Was du dir vorstellen und erträumen kannst, kannst du auch erreichen. Darum geht es im Prinzip bei dieser Methode. Im Buch »The Secret« von Rhonda Byrne wird dir erklärt, dass deine Ziele Wirklichkeit werden, wenn du dir ein Visionboard machst und deine Ziele im Kopf visualisierst. Mir ist das von Anfang an etwas komisch vorgekommen, waren doch meine Erfahrungen völlig andere, nämlich, dass es ohne konsequente Arbeit nicht geht. Du darfst dir gern ein Bild von einem Haus, einem Privatjet und einem Monatseinkommen von 50.000 Euro an die Wand hängen und dir vorstellen, wie schön das wird, wenn das Universum dir endlich deine Wünsche erfüllt hat. Bitte versteh mich nicht falsch, vieles in dem Buch mag ich sehr gern, aber *so* funktioniert das nicht.

Ich möchte dir stattdessen meine Visionboard-Methode vorstellen und dafür gebe ich dir ein paar Fragen an die Hand und bitte dich, eine gedankliche Reise zu machen.

- Frage dich, mit welchen Menschen du dich in deinem Leben umgeben möchtest!
- Wo möchtest du leben – wie warm oder kalt fühlt sich dort deine Haut an? Welches Klima herrscht dort?

- Welche Menschen leben dort mit dir? Wer lebt an deiner Seite, wer fällt dir im Traum gerade in die Arme?
- Wo möchtest du arbeiten?
- Wie riecht es dort, und wie sieht es dort aus?
- Wie sollen dein Job und dein Alltag aussehen?
- Wie redet man dort mit dir? In welcher Sprache, in welchem Tonfall?
- Wie viel möchtest du verdienen? – Wie fühlt sich der genannte Betrag für dich an?
- Wie geht es dir? Wie fühlst du dich?
- Wie sieht dein Tag aus?

Sobald du von deiner gedanklichen Reise zurück bist, kopiere dir aus Zeitungen oder aus dem Netz Bilder, die am besten deinem Herzenswunsch entsprechen, und befestige sie auf einem Board. Such dir Zeitungsartikel, blättere Magazine durch und lass dich inspirieren. Schneide Bilder von Autos, Gegenständen und Urlaubszielen aus. Schreibe Wunschkontostände auf und platziere sie auf dem Board. Auf deinem Board befindet sich dann eine bunte Mischung aus Zielen und Träumen. Im Gegensatz zur Ziel-Insel-Methode®, zu der wir gleich im Anschluss kommen, müssen die Dinge auf dem Board noch nicht erreichbar sein. Es können sich Träume und Wünsche darauf befinden, die erst in 50 Jahren erreicht sein werden (etwa zufrieden und gesund im hohen Alter auf der Bank vor dem eigenen Haus in der Sonne zu sitzen).

Das Board befindet sich idealerweise an einem Ort, an dem du es täglich und morgens als Erstes siehst – bestenfalls musst du mehrmals täglich daran vorbei. Schau auf dein Board und fühle, wie es ist, wenn du dort angekommen bist und du deine Träume zur Realität gemacht hast. Mit diesem Gefühl startest du ab jetzt in deinen Tag. Es wird dich eine völlig andere Energie durchströmen, als du das sonst gewohnt bist.

Beim Nachdenken wird dir möglicherweise auffallen, dass dein Herzenswunsch, dein Warum, deine Träume nichts sehr »Großes« oder »Besonderes« sind. Ich stelle immer wieder fest, dass die Menschen, die ich berate, meinen, solche Vorstellungen und Wünsche müssten überdimensional groß oder weltbewegend sein. Sie sagen dann eher zögerlich, was ihnen während ihrer gedanklichen Reise in den Sinn kommt:

- Ich möchte Kinder.
- Ich möchte einen Job, in dem ich mich wohlfühle.
- Ich möchte einfach wieder einmal um 15:00 Uhr Feierabend machen können.
- Ich möchte Menschen helfen, ihr Ding zu machen und zu strahlen.
- Ich möchte drei Monate im Jahr Urlaub machen können.

Wenn das keine wunderschönen Herzenswünsche sind, dann weiß ich auch nicht weiter! Erfolg ist etwas sehr Individuelles, und für jeden ist Erfolg etwas anderes. Dasselbe gilt für unsere Werte. Und egal, wie groß oder bescheiden dein Herzenswunsch ist: Die Kunst ist es nun, ihn zu erfüllen. Mit dem Visionboard steuerst du ab nun täglich dein Unterbewusstsein an, indem du deinen Fokus auf deine Ziele und Träume lenkst und jeden Tag vor Augen hast, wo du hinwillst.

Mein Visionboard hängt übrigens im Badezimmer, so sehe ich es mindestens zweimal täglich beim Zähneputzen – eine Tätigkeit, die nicht sehr viel geistige Anstrengung erfordert. Ohne zusätzlichen Zeitaufwand richte ich so meinen Fokus richtig aus.

Mir hilft die Visualisierung meiner Vorhaben sehr bei der Umsetzung. Probier es aus: egal, ob das dein Visionboard ist, ob es Ketten, Tattoos, Talismane sind. Super ist, wenn es etwas ist, das du immer dabeihast, wie ein Foto oder ein Schmuckstück zum Beispiel. Ich trage mein Visionboard außerdem den ganzen Tag um mein Handgelenk, da ich die Fotos darauf einfach auch auf meiner Smartwatch geparkt habe. Wann immer ich will, kann ich sie sehen und werde bei jedem Blick auf die Uhrzeit daran erinnert.

Meine Frau und ich haben das Visionboard immer gemeinsam gestaltet: unser jetziges Haus, der Teich, unser Van, aber auch die drei Monate Urlaub im Jahr, dieses Buch und viele andere unserer Wünsche durften dort eine Zeit lang hängen und auch wieder, weil wir sie erreicht haben, abgehängt und gefeiert werden.

Denn das ist es, was die meisten vergessen: solche Meilensteine auch gebührend zu feiern und wertzuschätzen. Vielen Menschen ergeht es dann wie mir: Immer nur das eine große Ziel vor Augen, überholen sie sich und ihre Ziele auf dem Weg – und fallen in ein Burn-out.

Also schnapp dir am besten jetzt gleich deinen Lieblingsmenschen oder starte ganz für dich mit deiner Reise!

TAKE-AWAYS

✓ Dein Warum wird dich finden – sei achtsam!

✓ Nimm dir Zeit, Schere, Stifte, Papier und Klebstoff und bastle dein Visionboard!

✓ Hänge dein Visionboard an einen Ort, an dem du es täglich siehst!

Jetzt wird es immer konkreter, denn nun kommen wir zu deinen Zielen. Diese Methode, Ziele auszuarbeiten, stammt nicht von mir, aber ich habe sie selbst schon oft angewandt und aufgrund meiner Erfahrungen ein wenig abgeändert, sodass du sie auch allein gut einsetzen kannst. Es handelt sich um eine Kreativitätstechnik, bei der es darum geht, eine Sache aus verschiedenen Blickwinkeln zu betrachten.

Ich werde dir wieder einige Fragen stellen und ich empfehle dir, immer wieder gedankliche Pausen einzulegen, damit du die Fragen gut auf dich wirken lassen kannst.

Lege dir Zettel und Stift bereit.

Was auch immer dir zu meinen Fragen einfällt: Schreibe es auf.

Wenn du jemanden hast, der für dich mitschreibt, umso besser, denn dann wirst du nicht abgelenkt und bleibst gedanklich bei der Sache.

Ich habe beides ausprobiert und kann dir sagen, dass beides sehr gut funktioniert!

Suche dir einen Platz, an dem du zur Ruhe kommen kannst, sorge dafür, dass du ungestört bleibst, und schließe die Augen. Wenn du das Gefühl hast, dass du mit der Situation zu kämpfen hast oder keinen klaren Gedanken fassen kannst, kannst du jederzeit aufhören und wieder von vorne anfangen. Es bringt nichts, das durchzudrücken, wenn du dich nicht danach fühlst. Gehe eine Runde spazieren oder tu, was immer du sonst auch tust, um dich wieder neu zu konzentrieren und zu motivieren.

Wir durchlaufen vier Stadien: Wir werden uns zu Beginn ansehen, was deine Träume sind und wo du hinwillst. Danach holen wir diese Träume in die reale Welt. Dann checken wir, was du brauchst, um sie zu erreichen. Und zu guter Letzt legen wir einen Fahrplan und die einzelnen Ziel-Inseln fest.

Also, es geht los!

1. Wir starten mit deinen Träumen.

Ich empfehle dir, fürs Träumen eine entspannte Position einzunehmen, lehne dich zurück, mache es dir gemütlich und schreibe nebenbei mit (oder jemand macht das für dich, je nachdem). Versuche, in dich hineinzufühlen, mache die Augen zu und denke dir: *Es ist alles möglich, ich habe alles Geld der Welt, ich brauche mir über nichts und niemanden Gedanken zu machen.*

- Was sind deine Wünsche?
- Wie sieht dein perfekter Tag aus? Schreibe auf, wie er von früh bis spät abläuft. Wann stehst du auf, wann gehst du schlafen, was tust du dazwischen?
- Was tust du nach der Arbeit? Gehst du joggen, ins Fitnessstudio, gehst du zum Häkelkurs oder besuchst du ein Seminar? Was sind deine Hobbys?
- Dann überlegst du dir, wie viel Geld du hast. Wie hoch ist der Betrag, den du monatlich zur Verfügung hast?
- Wie lebst du? (Partner, Kind[er], Haustiere?)
- Welche materiellen Dinge besitzt du? (Haus, Auto, Yacht?)
- Hast du vielleicht dein eigenes Unternehmen? Wie sieht das aus?
- Welche Kunden betreust du?
- Welche Menschen sind in deinem Umfeld?
- Wie sieht dein Arbeitsalltag aus? Machst du um 15:00 Uhr Feierabend oder arbeitest du generell nur an zwei Tagen in der Woche?
- Wie viel Urlaub hast du im Jahr? Drei Monate? Mehr?
- Überlege dir auch, was deine täglichen Aufgaben sind. Was machst du täglich gern oder nicht so gern?
- Jetzt die vermutlich schwerste Frage:

Schreib auf, wie du jetzt bist. Wenn ich dich jetzt treffen würde, wie bist du? Wie geht es dir? Wie ist deine innere und äußere Haltung?

Mit deinen Notizen – bestimmt steht einiges auf deinem Blatt Papier – gehen wir nun weiter zum nächsten Punkt.

Stehe bitte kurz auf, vielleicht magst du auch einen Schluck trinken und dich durchstrecken.

2. Nimm bitte wieder Platz. Jetzt holen wir deine Träume in die reale Welt!

Setz dich hin, nimm deine entspannte Position wieder ein und hinterfrage die Dinge, die auf deiner Liste stehen. So, als hätten sie nichts mit dir zu tun, und so, als würde sie jemand Externer einem Realitätscheck unterziehen.

- Wie klingt dein Traum für einen Realisten? Du hast jetzt diese Träume vor dir und du darfst sie konkretisieren. Wie sehen sie in der realen Welt aus?
- Was steht auf deiner Liste?
- Neues Auto kaufen, Haus am Wasser besitzen?
- Soll der Wagen ein Porsche sein oder ein Opel Astra?
- Wo ist das Haus? Ist das am Meer, an einem See oder an einem Fluss?

Gehe jeden der Punkte durch, die du aufgeschrieben hast, und lasse ihn vom Realisten in dir prüfen.

3. Nun lass uns sehen, was wir dafür alles brauchen!

Steh bitte wieder auf, strecke und schüttele dich durch und schlüpfe in eine neue Rolle. Spannend, oder?

Setz dich nun hin und stell dir vor, du bist ein Journalist und schreibst eine Story über deine Träume und Ziele. Dann würdest du doch hergehen und alles darüber recherchieren, was es zu finden gibt, oder? Urteile nicht darüber, ob es gute oder schlechte Ziele sind, sondern nur, ob es überhaupt möglich ist, sie zu erreichen. Wenn ja, wie kannst du sie erreichen?

Einmal angenommen, ein Haus in Kroatien steht auf deiner Liste. Mit Blick aufs Meer. Unverbaubar, versteht sich. Sieh einmal nach, wie viel das kosten würde. Recherchiere verschiedene Varianten, damit du ein Gefühl für den Preis bekommst.

Dasselbe machst du für jedes deiner Ziele auf der Liste.

Du wirst möglicherweise verwundert sein, dass das eine oder andere gar nicht so teuer ist, wie du dachtest, und zweitens hast du jetzt relativ konkrete Zahlen vor dir. Du weißt nun, was du brauchst, und du kennst den finanziellen Einsatz, aber auch den Zeitaufwand, die zu erledigenden Aufgaben und die Möglichkeiten, die sich dir bieten.

Du willst drei Monate Urlaub im Jahr?

Wohin willst du auf Urlaub fahren? Willst du die drei Monate am Stück oder übers Jahr aufgeteilt? Wie viel wird das kosten? Brauchst du eine Vertretung, und welche Kosten kommen für das Interimsmanagement auf dich zu?

Was brauchst du für jedes einzelne Ziel? Mehr Geld? Mehr Zeit? Eine andere Struktur? Welche großen Entscheidungen stehen damit für dich an (Kündigung, Unternehmensgründung, Trennungen unterschiedlicher Art)?

4. Das Ganze konkretisieren wir nun – jetzt wird's richtig lustig, denn nun geben wir deinen Zielen eine Gestalt!
Zeichne deinen Fahrplan auf, gestalte ihn nach deinem Empfinden und nach deinem Stil! Bitte nimm dir dafür wirklich Zeit, denn dieser Fahrplan mit den Ziel-Inseln

ist einer deiner wichtigsten Ankerpunkte für die nächsten Jahre. Dieses Tool nutze ich jedes Jahr aufs Neue – und auch du wirst es noch oft brauchen.

Du willst also drei Monate im Jahr Urlaub machen können? Dann überlege dir genau, wie du diesen Weg bestreiten möchtest, und packe die Unterziele auf kleine Inseln wie hier:

An dieser Stelle komme ich noch einmal auf die SMART-Thematik zurück, die meines Erachtens alles andere als schlau ist. Du setzt dir mit dieser Technik nämlich ein einziges, konkretes, großes Ziel. Das erreichst du, aber du hast keinen weiteren Plan. Dann kann dir dasselbe passieren wie mir: Du wachst in der Früh auf und stellst fest, dass du ausgebrannt bist. Entweder, weil du vorher zu viel Gas gegeben hast, oder, weil du danach in eine Entlastungsdepression gekippt bist. Du findest keinen Sinn mehr in deinem Tun, und aus eigener Erfahrung kann ich sagen, dass das ein schlimmes Gefühl ist. Ohne Ziel geht es aber auch nicht, denn dann verlierst du dich, machst unter Umständen alles Mögliche, aber nichts davon konsequent. Wie auch, wenn es kein konkretes Bild vor Augen gibt, wohin du willst? Mit meiner Ziel-Insel-Methode® kannst du das verhindern. Du hast konkrete Ziele und du fährst von Insel zu Insel. Nicht als Getriebener eines einzigen großen Zieles, sondern als Reisender mit vielen Meilensteinen, die letztendlich ein großes Ganzes ergeben.

Einmal angenommen, du bist Unternehmer und brauchst für deinen Plan, drei Monate Urlaub im Jahr zu machen, 100.000 Euro Jahresumsatz. Das klingt aufs Erste viel und vielleicht für den einen oder anderen unmöglich.

Lass uns gemeinsam die einzelnen Schritte durchgehen.

Also 100.000 : 9 = 11.000 pro Monat.

Um 11.000 Euro im Monat umzusetzen, brauchst du beispielsweise Sechs Kunden pro Monat mit einem Umsatz von etwas weniger als 2.000 Euro – das klingt machbar, oder nicht?

Oder du brauchst branchenabhängig möglicherweise nur einen Kunden, der monatlich 11.000 Euro bei dir umsetzt.

Jeder Leser ist in einer anderen Branche tätig, deshalb muss jeder für sich Schritt für Schritt jeden Monat des Jahres durchrechnen und planen. Dann siehst du sofort, ob dein Ziel realistisch ist.

Möglicherweise begleiten dein Ziel, drei Monate im Jahr Urlaub zu machen, noch andere Ziele. Du musst also auch mit einkalkulieren, wie viel Geld du monatlich zur Seite legen musst, um auch noch das Boot zu finanzieren, den Sportwagen oder den Zweitwohnsitz. Beschränke dich daher auf einige wenige Ziele, drei bis vier vielleicht. Manche davon erfüllen sich auf dem Weg automatisch, und dann siehst du bei der Überarbeitung deines Visionboards, dass wieder Platz für neue Ziele frei geworden ist.

Arbeite dich da immer wieder aufs Neue durch. Realisiere, überarbeite, realisiere, überarbeite …

Die Beiboots-Problem-Technik®

Kennst du das auch? Eine seitenlange To-do-Liste, und du weißt nicht, womit du anfangen sollst? Und gehörst auch du zu jenen, die zuallererst das machen, was ihnen am leichtesten fällt (die Post durchgehen und Mails beantworten) oder am meisten auf die Nerven geht (den Haushalt, die Buchhaltung)? Das kann jeweils das Richtige sein, aber auch das völlig Falsche.

Damit du in Zukunft genau weißt, welche Dinge wichtig für das Vorankommen deines Unternehmens sind, die nur du erledigen kannst, und welche du auslagern solltest, empfehle ich dir, mit meiner Beiboots-Problem-Technik® (BPT) zu arbeiten, weil du dann nicht nur weißt, welche Aufgaben du im Unternehmen hast, sondern dein Tag durch einen klaren Ablauf auch strukturiert wird. Du weißt, womit du in der Früh starten solltest und was deine wichtigsten To-dos für diesen Tag sind. Du weißt mit der BPT immer, dass du das Richtige und Wichtige zum richtigen Zeitpunkt machst.

Zuerst sammeln wir alle deine To-dos. Dann sehen wir uns an, wie groß die Löcher sind, die diese To-dos hinterlassen (ich erkläre dir gleich, was ich damit meine!). Als Nächstes sehen wir uns an, wofür du wirklich brennst und was dich unnötig aufhält. Zuletzt leiten wir aus allen Ergebnissen deine Handlungsliste für einen klaren Tagesablauf ab.

1. Die To-dos!

Schreibe am besten eine ganze Woche lang mit, was du alles machst! Was sind deine wiederkehrenden Aufgaben, was sind deine täglichen To-dos? Schreib den ganzen Tag mit, und zwar auch das, was in deinem eigenen Unternehmen zu machen ist, und das, was du selbst davon erledigst. Den Posteingang bearbeiten, tägliche Bildbearbeitung, Essen für das Team holen, Videos schneiden, Kundentelefonate, Videodrehs, Haushalt, Wäsche, Social Media betreuen, einkaufen, Zeit mit den Kindern verbringen, Unterstützung für die Nachbarn und Eltern, Mitarbeiterbesprechungen, Teammeetings, Präsentationen vorbereiten und halten, Kundenkontakte knüpfen, Wäsche in die Reinigung bringen, Kekse backen für den Adventmarkt, Gesundenuntersuchung, Chorprobe, Fitnessstudio, Sport, Therapie und so weiter und so fort ... Mache dir eine Liste deiner täglichen, wöchentlichen, monatlichen Aufgaben. Was hast du alles zu tun? Teile die Aufgaben in Job und Privates ein. Ich wette, deine Liste ist unheimlich lang und du wunderst dich bei ihrem Anblick, wie du das alles schaffst, richtig? Du wirst staunen, wie viel da zusammenkommt! Teile nun die Aufgaben in drei Kategorien auf, und zwar in:
- jene, die *du* in deiner Arbeit oder deinem Unternehmen erledigst,
- jene, die in deinem Unternehmen (falls du schon Unternehmer bist) anfallen, die du aber nicht selbst ausführst und
- jene, die in die Kategorie »Sonstiges« gehören (Haushalt, einkaufen, Wäsche, kochen ...)

Ich	Andere	Sonstiges
Verkaufen	E-Mails	Haushalt

2. Wie groß sind die Löcher?

Ich hoffe, du hast nicht geschwindelt und wirklich eine ganze Woche oder zumindest mehrere Tage lang mitgeschrieben. Ich wette mit dir, es stehen sehr viel mehr Aufgaben auf deiner Liste, als du dachtest! Wenn mehrere Tage lang die Aufmerksamkeit auf den täglichen Aufgaben liegt, wird einem plötzlich bewusst, wie viel da zusammenkommt. Als nächsten Schritt nimm dir bitte ein Blatt Papier und zeichne dein Lebensschiff darauf. Wir kommen nun zu den Löchern, die ich vorhin schon angesprochen habe.

Gehe der Reihe nach alle deine Aufgaben durch und überlege dir bei jeder, wie sehr sie dich und dein Unternehmen bremsen würde, würdest du sie ein, zwei Wochen nicht erledigen.

Einmal angenommen, du führst zwei Wochen keine Telefonate. Wie schlimm wäre das? Stell dir »keine Telefonate« wie eine Kanonenkugel vor, die dein Boot trifft. Wie groß ist das Loch, das das in dein Lebensschiff reißt? Je nachdem, in welcher Branche du bist, aber wenn du etwa als Fotograf zwei Wochen lang nicht telefonieren würdest, kann dich vermutlich niemand buchen. Das Loch wäre also groß und würde dein Schiff an einer empfindlichen Stelle treffen.

Bastle dir Schnipsel (schneide einfach deine Liste in Teile) und lege sie auf dein Schiff. Schiebe die Schnipsel hin und her und überlege dir bei jedem einzelnen, wo die jeweilige Aufgabe, die darauf steht, dein Schiff treffen würde.

Einmal angenommen, ich würde zwei Wochen keine Videos für meine Onlinekurse produzieren, dann wäre das in meinem Fall nicht so schlimm, denn ich habe schon einen Grundstock an Videos. Also wäre das Loch definitiv nicht so groß.

Haushalt, schön, wenn er erledigt wird, aber nicht so wichtig.

Social Media zwei, drei Wochen nicht zu bedienen, wäre für mein Unternehmen ein großes Problem, denn es ist ein wichtiges Kommunikationsportal für mich. Ich unterhalte mich dort mit potenziellen Kunden, ich akquiriere dort … eines der ausschlaggebenden Dinge für mich und mein Unternehmen.

Du siehst nun relativ schnell, womit du deinen Tag starten musst, weil etwa Instagram (Social Media) und die Kundentelefonate die wichtigsten Dinge sind. Damit musst du gleich in der Früh starten. Der Haushalt hat bis zum Abend Zeit und die Videoproduktion ebenfalls – wenn du noch Energie hast, dann machst du es, und wenn nicht, dann nicht.

Gehe Aufgabe für Aufgabe durch und frage dich, was passiert, wenn du sie wegfallen lässt. Wie sehr beschädigt das dein Schiff? Wenn eine Aufgabe ein Loch in dein Segel reißt, fährst du möglicherweise nicht mehr ganz so schnell, aber es bringt dein Schiff nicht zum Kentern.

3. Wofür brennst du?

Für welche dieser Aufgaben brennst du am meisten? Aktiviere deinen inneren Kompass und entscheide dich für deine drei Lieblings-To-dos! Sie sind diejenigen, die dein Unternehmen am Laufen halten. Es gibt in der Regel drei Aufgaben, die für die meisten Kunden und den meisten Umsatz sorgen. Stell dir vor, du darfst nicht mehr als drei Dinge täglich tun – schreibe sie auf: 1., 2., 3.

Bei mir sind das beispielsweise das 1. Tagesgeschäft (alles, was die angebotene Dienstleistung betrifft, die muss gut und in hoher Qualität funktionieren, und das muss ich abliefern), 2. Social Media (alles, was das Auftreten nach außen betrifft, auf hohem Niveau und mit spannendem Content) und 3. Kundenkontakt.

Was sind also deine Top Drei?

4. Was hält dich auf!

Ich weiß, das ist eigentlich eine Frage, aber ich habe bewusst ein Ausrufezeichen dahintergesetzt, denn das ist ein sehr, sehr wichtiger Punkt. Was hält dich auf? Was hält dich auf!

Diese Dinge aus deiner To-do-Liste schiebst du nun in dein Beiboot. Diese Dinge, die täglich an dir nagen, die dir keine Energie und Zeit mehr lassen für das wirklich Wichtige, solltest du so schnell wie möglich aussortieren oder auslagern. In meinem Fall ist das beispielsweise die Buchhaltung. Wenn du ein Navigator bist, liebst du vielleicht alles, was mit Zahlen zu tun hat – dann mach es gern selbst (siehe Punkt 3!), andernfalls schiebe es sofort in das Beiboot.

Wenn du den Haushalt nicht gern machst, dann such dir jemanden, der das für dich erledigt.

Die Videoproduktion für die Onlineseminare kann ich nicht abgeben, aber den Schnitt! Der kommt bei mir in das Beiboot.

So gehst du jetzt alle deine Aufgaben durch und all das, was auf deinem Beiboot gelandet ist, musst du sofort aussortieren! Wenn diese Agenden weg sind, fährt dein Schiff schneller. Sieh dir die Zeichnung an: je höher der Stapel hinten auf deinem Beiboot ist, desto tiefer sinkt das Heck, hält dein Schiff auf und hindert es am Vorankommen.

5. Handlungsliste

Ich arbeite mit einer To-do-App, damit ich von überall darauf zugreifen kann. Dort manage ich meinen Aufgabenpool und den meines Teams. Da sind meine Top-Drei-To-dos drinnen (Dienstleistung, insbesondere die für meinen Inner Circle, Social Media und Kundenkontakte) und alles andere, was zu erledigen ist. Viele fühlen sich schnell gestresst angesichts der vielen To-dos und Aufgaben, aber sobald du eine Übersicht und einen Überblick (Ordnung im Frachtraum!) hast, sieht alles viel weniger schlimm aus.

Schreib dir auf, wie viel Geld du jährlich zur Verfügung hast und rechne runter auf deine Wochenstunden. Einmal angenommen, du hast 100.000 Euro jährlich zur Verfügung.

100.000 : 365 = 274. Du weißt jetzt, wie viel du in der Stunde »wert« bist. Du arbeitest durchschnittlich sechs Stunden pro Tag? Alles, was also weniger einbringt als 46 Euro/Stunde, macht jemand, der das besser kann als du. Lass es von anderen erledigen, denn dann kannst du dich auf deine drei wichtigsten Aufgaben konzentrieren. Wer gut und überlegt auslagert, wird reicher, das ist fix.

Zugegeben, diese Methode ist etwas aufwendig, schon allein durch die permanente Dokumentation. Aber ich kann dir versprechen, dass sie den Zeitaufwand wert ist, denn jetzt wirst du ganz genau wissen, was täglich deine wichtigsten Aufgaben sind und wofür du dir schon rein rechnerisch jemanden suchen kannst, der das lieber macht und besser kann als du!

TAKE-AWAYS

✓ Der Zeitaufwand für meine Beiboots-Problem-Technik® lohnt sich!

✓ Konzentriere dich auf deine Top-Drei-Aufgaben – sie sind erfolgsentscheidend!

> **Wenn Sand im Zahnrad deiner Beziehung ist, wirst du das auch in den Zahnrädern deines Unternehmens merken.**
>
> MANUEL SPORS

Viele sprechen von Work-Life-Balance und meinen damit eine möglichst gleiche Gewichtung von Arbeit und Leben. In den meisten Fällen bedeutet es für diese Menschen, so wenig wie möglich zu arbeiten und den Rest mit möglichst schönen Dingen und Freizeit auszufüllen. Das Gute soll überwiegen.

Ich glaube aber, dass wir Arbeit und Leben gar nicht voneinander trennen können und auch nicht müssen, und dass es um eine ganz andere Frage gehen sollte, nämlich: Wie schaffen wir es, unsere Arbeit zu lieben und nicht als notwendiges Übel zu empfinden?

Du hast *ein* Schiff, und auf dem gilt es, Arbeit und Privates zu vereinen, und insbesondere, wenn du eine ganze Flotte an Schiffen anführst, sie alle in die gleiche Richtung segeln zu lassen!

Ich erinnere mich gut an die Zeit, in der ich demotiviert war, weil ich unbemerkt in das Hamsterrad und in das Getrieben-Sein geraten war, aber gleichzeitig eine wunderbare Beziehung führte. Meine Frau wusste immer, was und wohin ich wollte, und sie hat mich immer dabei unterstützt. Irgendwann saß ich im Bett, meine Frau neben mir, und ich hatte wirklich überhaupt keine Lust, zu dem Auftrag zu fahren. Ich wollte bei ihr bleiben. Sie wollte auch, dass ich bleibe. Aber sie hat mich in die richtige Richtung und aus dem Bett geschubst.

Beziehung und Arbeit sind untrennbar miteinander verbunden. Es ist ein Irrglaube, das eine hätte mit dem anderen nichts zu tun. Du kannst nicht sagen: »Von 8:00–17:00 Uhr bin ich im Business-Modus und ab 17:00 Uhr bin ich Ehemann und Familienvater.« Wenn es im Unternehmen hakt, wirst du das mit nach Hause bringen. Wenn es im Zahnrad deiner Beziehung knirscht, nimmst du das mit in dein Unternehmen. Dein Partner landet schlimmstenfalls auf dem Beiboot, denn möglicherweise steht deine Beziehung auf der Liste, die wir in der Beiboots-Problem-Technik® angefertigt haben.

Wir haben schon darüber gesprochen, dass es wichtig ist, dein Umfeld mit einzubeziehen, beispielsweise wenn es um Weiterbildung geht. Wenn dein Partner keinen Anschluss mehr findet, ist das für beide frustrierend, und irgendwann ist die Beziehung zum Scheitern verurteilt. Nimm deinen Partner mit, lass ihn teilhaben an allem, was du machst. Er darf entscheiden, *nicht* auf ein Seminar oder zu einem Coaching mitzugehen, aber er darf trotzdem wissen, was du auf dem Seminar oder beim Coaching gelernt hast. Besonders schön ist es, wenn dein Partner sich darauf einlässt und gemeinsam mit dir eine Weiterbildung besucht und dich unterstützt bei dem, was du machst. Daraus kann – wie bei meiner Frau und mir – etwas ganz Besonderes entstehen. Meine Frau und ich fanden bei einem Coaching heraus, dass wir auch geschäftlich hervorragend zueinander passen würden, dieselben Werte und Ziele teilen – und wir haben gemeinsam unser Unternehmen gegründet.

Kommunikation ist das Um und Auf in jeder Beziehung. Ziehst du einen großartigen Auftrag an Land oder hast eine Ziel-Insel erreicht, könnt ihr euch gemeinsamen freuen und zusammen feiern. Wenn etwas schiefgeht, könnt ihr gemeinsam analysieren, was passiert ist, und den Sturm zusammen überstehen. Wenn Wasser über Deck geschwappt ist, ist es gut, wenn einer das Ruder fest in der Hand hält und der andere sich nicht zu schade dafür ist, Wasser vom Deck zu schöpfen.

Meine Frau und ich arbeiten jetzt knapp vier Jahre zusammen, und natürlich ist das nicht ständig leicht und läuft nicht immer ohne Probleme ab. Gerade am Anfang war alles ungewohnt, meine Frau musste sich als »Neue« im Unternehmen anpassen und sich erst einmal zurechtfinden. Von eins auf zwei ist in einem Unternehmen die größte Umstellung, die es gibt. Es entstehen Reibereien, beim Montagmorgen-Meeting hat keiner etwas zu sagen, weil wir schon am Wochenende alles besprochen haben, und wie in jedem Unternehmen passieren auch einmal Fehler.

Jedes Besatzungsmitglied hat unterschiedliche Bedürfnisse: Lob, Anerkennung, regelmäßiges Feedback und so weiter. Der Koch wünscht sich Wertschätzung, der Papagei freut sich über Herausforderungen und Action. Der Navigator erwartet, dass jedes Besatzungsmitglied seiner Dokumentationspflicht nachkommt und er nicht ständig die Wochenberichte einmahnen muss. Der Kapitän ist darum bemüht, dass niemand aus der Flotte ausschert. Er liefert seiner Besatzung Orientierung (wo geht es hin, und wie sieht der Weg zum Ziel aus).

Wir alle haben verschiedene Wünsche, das können gemeinsame Momente, Aufmerksamkeiten oder Geschenke sein, wertschätzende Worte, kleine Berührungen oder unterstützende Hilfestellungen.

Jeder in einer Partnerschaft gewichtet sie auch unterschiedlich. Sprich mit deinem Partner offen darüber, du wirst überrascht sein! Da kann es sein, dass dem einen Berührungen wichtiger sind als Geschenke, während dem anderen Worte wichtiger sind als Berührungen. Das ist eigentlich eine supereinfache Übung, und wenn du weißt, dass deinem Partner beispielsweise Momente wichtiger sind als Geschenke, kannst du ihn spielend leicht mit einer kurzen gemeinsamen Auszeit überraschen, von der du weißt, dass er sich mehr darüber freut als über alles andere.

Ob du mit deinem Partner im selben Unternehmen arbeitest oder nicht: Dein Partner gehört zu deiner Besatzung, denn Arbeit und Privates lassen sich nicht komplett voneinander trennen und isolieren. Deshalb ist es wichtig, deinen Partner an deiner Arbeit teilhaben zu lassen, sonst stehst du bald allein vorne am Steuerrad.

TAKE-AWAYS

✓ Beziehung und Arbeit lassen sich nicht voneinander abkoppeln und trennen.

✓ Versuche, auf dem Weg zu deinem Ziel nicht deine Flotte zu vernachlässigen, deine Kinder, deinen Partner und deine Freunde sind wichtig für dein Heartset.

✓ Lass deinen Partner teilhaben an deinem Job – nur so könnt ihr euch gegenseitig bei euren Plänen unterstützen!

ENDLICH IN SEE STECHEN!

Du hast nun bereits eine Menge Werkzeuge zur Hand, mit denen du arbeiten kannst. Vermutlich möchtest du am liebsten alle auf einmal ausprobieren, und du hast vielleicht auch schon während des Lesens damit angefangen. Deshalb kommt hier als Erstes ein Appell, der mir sehr wichtig ist. Haushalte gut mit deiner Energie, damit du nicht ausbrennst!

Energiemanagement

Nimm dir niemals zu viel auf einmal vor, sonst läufst du Gefahr, dich zu verzetteln, deinen Tag zu überladen und dich und andere zu überfordern. Es ist wichtig, dir deine Aufgaben in Häppchen aufzuteilen, ebenso wie die Ziele, wie ich dir in der Ziel-Insel-Methode® gezeigt habe.

Aus eigener Erfahrung weiß ich schließlich, wie schnell es gehen kann, in ein Burn-out zu rutschen. Selbst wenn es sich um positiven Dauerstress handelt!

Guter Stress ist gut. Aber zu viel davon schon wieder nicht – und Dauerstress blockiert dich. Du weißt vielleicht, dass es zwei Arten von Stress gibt: den Distress und den Eustress.

Distress beschränkt dich, und dein Körper befindet sich, wenn er im Dauerstress ist, im ständigen Notprogramm. Du kannst nicht klar denken und keine guten Entscheidungen treffen. Wenn dieser negative Stress deinen Körper zu lange belastet, kann dich das in ein Burn-out schlittern lassen. Beobachte dich in Zeiten länger anhaltenden Stresses bitte ganz genau und achte auf dein Verhalten in bestimmten Situationen. Im Distress neigst du zu überschießenden Reaktionen, wie etwa, laut zu werden oder das Gegenüber anzuherrschen. Aggression entsteht aufgrund der Vorgänge im Körper bei negativem Stress und der damit verbundenen Hormonausschüttung. Du musst darauf achten, zur Ruhe zu kommen und dich zu bewegen.

Viele leben von Urlaub zu Urlaub, und stellen dann fest, dass auch der Urlaub nicht mehr die notwendige Erholung bietet. Wenn das auch bei dir der Fall ist, dann ist es allerhöchste Zeit, gegenzusteuern. Entweder passt du deine eigenen Verhaltensweisen an, oder du suchst dir Unterstützung bei einem Arzt oder einem Coach.

Als Eustress – das Wort leitet sich von der griechischen Vorsilbe »eu-« (»gut«) ab – bezeichnet man positiven Stress, der uns dabei hilft, Anstrengungen zu bewältigen. Auch Glücksmomente wie eine Hochzeit können eine Eustress-Situation auslösen. Du empfindest positiven Stress nicht als Belastung, denn die Glückshormone fressen die Stresshormone auf. Musst du beispielsweise einen Auftrag in einer kurzen Zeit erledigen und tust du das mit größter Freude, Leidenschaft und einhundertprozentigem Commitment, dann wirst du den Zeitdruck nicht als strapaziös oder überfordernd empfinden. Im Gegenteil, du kannst gar nicht genug davon kriegen. Und genau das kann in eine Art Sucht und letztendlich eben auch zum Ausbrennen führen.

Ein Leitsatz meines Lebens: »Halte alles so einfach wie möglich«, *keep it simple and stupid*. Für die anderen. Und für dich. Das scheine ich gut zu können, denn mittlerweile kommen Menschen zu mir zur Beratung, und das Feedback, das ich immer wieder bekomme, ist, dass alles so viel einfacher läuft, seit ich an ein paar Schrauben in ihren Unternehmen, Strukturen und Abläufen gedreht habe. Ich sehe sehr schnell, ob eine Idee, ein Projekt, eine Entscheidung ein Unternehmen voranbringt oder nicht. Ich steige als Besucher auf das Schiff anderer und sehe als Außenstehender oft sehr viel schneller, wo sich Kapitän oder Besatzung verzetteln und sich mit Dingen aufhalten, die nichts bringen.

Mache auch du dir Gedanken darüber, wie du Dinge – möglichst von Anfang an – so einfach wie möglich halten kannst. Sobald du das Gefühl hast, du sitzt an einer Sache schon viel zu lang, oder du merkst, du machst es unnötig kompliziert, dann denk darüber nach, wo du mit der Vereinfachung ansetzen kannst.

Eine meiner Teilnehmerinnen macht Bodywork. Ihre Webseite war so aufgebaut, dass Interessenten ihr eine Anfrage per E-Mail geschickt haben, sie hat dann mit dem Kunden bezüglich der Auftragsklärung telefoniert, dann ein Angebot erstellt und dem Interessenten geschickt, und dann gab es noch die Terminvereinbarung zum ersten Kennenlernen. Das war für sie natürlich super, denn sie kannte vor dem Kennenlerntermin ihre Kunden eigentlich schon sehr gut. Aber es war wahnsinnig zeitaufwendig, und deshalb fragte sie mich, wie sie das vereinfachen könne. Ich habe mir das angesehen, und wir haben das nun nach dem KISS-Prinzip wie folgt gelöst: Es gibt auf der Webseite jetzt nur mehr die Option, ein Telefonat mit ihr zu buchen. Das ist für den Kunden das Unkomplizierteste, und vermutlich hat sich ihre

Kundenanzahl deshalb merklich erhöht. Sie kann sich durch die gewonnene Zeit auf andere wichtige Dinge fokussieren.

Du hast immer zwei Möglichkeiten: den einfachen Weg und den perfekten Weg. Ich bin ein leidenschaftlicher Verfechter des Einfachen. Nicht, weil perfekt schlecht ist, sondern, weil du mit dem einfachen Weg sehr viel schneller ins Tun und damit ans Ziel kommst. Perfektionieren kannst du später immer noch.

Eine Freundin hatte den Plan, sich selbstständig zu machen, und irgendwann habe ich sie gefragt, was aus ihren Plänen geworden ist. Sie meinte, sie würde noch an ihrer Webseite basteln, hätte aber viel zu wenig Zeit dafür, doch sobald sie die Webseite fertig hätte, würde sie starten. Ich hatte vermutlich die hässlichste Webseite der gesamten Branche, als ich startete, aber es war mir egal – mittlerweile habe ich mir dafür Zeit genommen, und der Auftritt auf der Webseite ist ein ganz anderer. Ich glaube aber nicht, dass mich die fruhere Webseite auch nur einen Kunden gekostet hat.

Versuche doch selbst einmal, dich, dein Unternehmen, deine Abläufe und so weiter aus der Perspektive eines Besuchers auf deinem Schiff zu betrachten. Du weißt jetzt schon genug und kannst das Gelernte für dich nutzbar machen und umsetzen. Sei Gast auf deinem eigenen Schiff. Du wirst als »Außenstehender« sehr schnell auf verzichtbare Dinge stoßen, da bin ich mir ganz sicher.

Deshalb sollten wir alle ein Unternehmen gründen!

Die Motivation, mein Buch zu lesen, hat ziemlich sicher und vorwiegend den einen Grund: Du wünschst dir ein unabhängiges, selbstbestimmtes und glückliches Leben, in dem Arbeit und Leben eine stimmige Einheit bilden.

Du weißt bereits, dass das am besten zu realisieren ist, wenn du Unternehmer wirst und dich in die Selbstständigkeit begibst. Aber vielleicht willst du es langsam angehen und bist noch nicht ganz sicher. Möglicherweise denkst du darüber nach, es wie ich zu machen und nebenher einen sicheren Job in einem Arbeiter- oder Angestelltenverhältnis zu behalten, bis dein Baby auf eigenen Beinen steht.

Ich bin fest davon überzeugt, dass wir alle Unternehmer sein sollten, und zwar aus mehreren Gründen:

Nenne mir bitte aus dem Bauch heraus drei erfolgreiche Angestellte, die ein Vorbild für dich sind, was ihren Erfolg und ihr (Privat-)Leben angeht. Das wird ein wenig gedauert haben, richtig? Und jetzt nenne mir spontan drei erfolgreiche Unternehmer, die du gut findest und die dir ein Vorbild sind. Ich wette, dir sind auf Anhieb mehr als drei eingefallen!

Ich persönlich kenne keinen erfolgreichen Unternehmer, der nicht auch ein zufriedenes und glückliches Leben führt. Wenn du einen Job machst, den du nicht magst und der dich nicht erfüllt, schwappt das auch auf deine Beziehungen über. Wir haben nur dieses eine Leben und haben es uns verdient, dass wir uns darin schön einrichten. Und schon deshalb finde ich, sollten wir alle Unternehmer sein.

Als Arbeiter oder Angestellter ist außerdem dein finanzieller Spielraum immer begrenzt. Natürlich gibt es Bonusmodelle oder Provisionen – wer viel Umsatz macht, verdient auch ein wenig mehr –, aber du wirst immer an Grenzen stoßen. Als Unternehmer hast du freie Hand über deinen Verdienst. Mehr Umsatz, mehr Gewinn – und in deinem eigenen Unternehmen bekommst du dafür nicht nur einen Bonus oder eine Provision!

Das geht in den wenigsten Fällen von Anfang an. Meistens ist Aufbauarbeit zu leisten, je nachdem, womit du dich selbstständig machen willst. Und zu diesem Bewusstsein gehört definitiv auch etwas Verzicht. Möglicherweise kommt nun nicht mehr Monat für Monat automatisch das Gehalt aufs Konto, und das ist eine große Umstellung für die meisten.

Der Start ist oft nicht leicht, weil sich dein Leben in jeder Hinsicht ändert. Du kannst dir beispielsweise von Anfang an deine Zeit frei einteilen. Es liegt an dir, ob du sie am Badesee verbringst oder ob du sie dafür nutzt, dein Unternehmen auf solide Beine zu stellen. Du hast dir einen Unternehmensgegenstand ausgesucht, der »dein Ding« ist, dein Hobby vielleicht. Du startest überlegt in dein Vorgehen mit etwas, das du liebst – wie solltest du damit nicht erfolgreich sein? Ich behaupte, das geht fast nicht. In jedem von uns steckt ein Unternehmer, denn wieso wissen wir immer so genau, was unser Vorgesetzter verbockt hat und insgesamt alles verkehrt macht? Lasst uns zeigen, was unsere Generation draufhat. Wir krakeelen nicht über den Plastikmüll, sondern vermeiden ihn konsequent. Wir meckern nicht über die Lebensmittelverschwendung, sondern achten in den eigenen vier Wänden ganz genau darauf, nichts verderben zu lassen und wegwerfen zu müssen. Wir haben nicht nur die Vorstellung von einem gelungenen Leben, in dem die Freiheit und die Freizeit viel mehr Platz haben, als das derzeit landläufig üblich ist. Wir sind auch bereit, etwas dafür zu tun, um uns das zu verwirklichen. Wir posaunen nicht einfach nur hinaus, ab jetzt drei Monate Urlaub im Jahr zu machen, sondern wir wissen genau, wie wir das bewerkstelligen können, und wir sind bereit, dafür zu arbeiten.

Wer seinen Job liebt, ist glücklich und automatisch erfolgreich. Genau deshalb sollten wir alle Unternehmer sein!

Als ich noch meinen Nebenjob im Maschinenbauunternehmen hatte, saß ich für meine Selbstständigkeit regelmäßig bis 2:00 Uhr oder 3:00 Uhr morgens im Büro und habe Bilder bearbeitet und verschickt. Trotzdem war ich dann um 7:00 Uhr wieder an meinem Arbeitsplatz.

Besonders zu Beginn meiner Selbstständigkeit als Fotograf habe ich praktisch jeden Auftrag angenommen. Die Versuchung ist groß, alles anzunehmen, was geht, damit Geld hereinkommt. Ich hatte viele Wochen, in denen ich annähernd 100 Stunden gearbeitet habe und am Montag wieder mit Energie im anderen Büro saß. Ich habe lange nicht gesehen, dass es längst zu viel war. Ich habe nur auf das Geld geblickt, nicht mehr auf meine Lebensqualität geachtet und mich in das Erfolgreich-Sein und meine Ziele verbissen. Bis mein Körper mir aufgezeigt hat, dass es genug ist und mich zum Reflektieren und Entscheiden gezwungen hat.

Vielleicht möchtest du in deinem Angestelltenverhältnis erst die Stunden reduzieren und vorerst nebenher dein eigenes Business aufbauen? Es ist von Vorteil, nicht zu viel auf einmal zu machen, daher ist das eine gute Idee. Du hast das Gefühl der Sicherheit und arbeitest an deinem 9:3-Modell. Einen wichtigen Tipp möchte ich dir aber ans Herz legen! Verpasse nicht den Zeitpunkt, dich zu entscheiden.

Dieser Wechsel ins richtige Mindset ist unverzichtbar. Ab dann heißt es für dich, alles für diesen Traum zu tun. Du musst als Unternehmer bewusst anfangen, deine Leistung zu verkaufen. Etwas zu verkaufen, ist in unserem Kulturkreis eher negativ behaftet, dabei verkaufen wir uns praktisch ständig: ob privat bei der Partnersuche oder im Job, wo du deine Arbeitsleistung verkaufst und darauf achtest, ein bestmögliches Bild bei den Kunden abzuliefern. Selbst auf Verkaufsplattformen achten wir darauf, Vertrauen aufzubauen und den Deal abzuschließen. Wir wollen stets das optimale Bild von uns abgeben.

Wenn du dich für die Selbstständigkeit entscheidest, musst du den Switch schaffen und im Kopf so weit sein, zu sagen: ICH WILL MEIN PRODUKT, MEINE DIENSTLEISTUNG VERKAUFEN. Wenn du nicht zu einhundert Prozent hinter deinem Produkt stehst, wirst du es nicht verkaufen. Aber, wenn ja, dann wird es funktionieren!

An der Schwelle zu deiner Selbstständigkeit ist es wichtig, sehr viel über deine Kunden nachzudenken, denn sie sind der Mittelpunkt deines zukünftigen Tuns. Wo und wie finden sie ihren Weg zu dir? Welchen Eindruck machst du auf sie? Warum sollen sie bei dir kaufen? Was unterscheidet dich von anderen? Schau dir dein Schiff aus der Perspektive deiner potenziellen Kunden an und überlege dir, ob du selbst von dir überzeugt wärst!

Tun, wofür sich andere zu schade sind

Branchenunabhängig ist es wichtig, dass du weißt, was die Mitbewerber machen und wie sie sich präsentieren. Nicht zu Vergleichszwecken, sondern, um herauszufinden, was euch unterscheidet. Das ist ein wesentlicher Unterschied.

Sieh dir deine Mitbewerber, sofern es welche gibt, an und überlege dir, was dich und dein Angebot von ihnen unterscheidet. Warum sollen die Kunden zu dir kommen? Was bekommen sie von dir, was sie anderswo nicht bekommen?

Arbeite das detailgenau heraus – diese Extrameilen zu laufen, zahlt sich zu einhundert Prozent aus.

Meist sind es die Kleinigkeiten, die den wesentlichen Unterschied machen, und dafür darfst du dir nicht zu schade sein. Jeder Interessent bekommt einen Katalog oder ein

Testpaket zugeschickt? Warum machst du nicht den Unterschied, indem du es persönlich überbringst?

Mit dem Angebot an unsere Brautpaare schicken wir immer ein Video mit: »Hallo Verena, hallo Elmar, wir haben uns gefreut, euch kennenzulernen ... «

Die Erstsichtung des Hochzeitsvideos passiert immer bei uns daheim. Da gibt es Popcorn, und wir sitzen alle gemeinsam auf der Couch und feiern zusammen mit dem Brautpaar das Video ab.

Was ist es, wofür die anderen sich zu schade sind? Es kann eine Winzigkeit sein, die dich unter vielen anderen, vielleicht schon am Markt Etablierten, herausragen lässt!

Deine Persönlichkeit ist einzigartig und nicht austauschbar!

Ich bin ich, und du bist du. Selbst wenn wir beide Speaker, Experten oder Fotografen sind, sind wir beide einzigartig und für unsere jeweiligen Kunden nicht mehr austauschbar.

Als ich mich mit der Fotografie selbstständig gemacht habe, hieß es: »Meine Güte, es gibt doch schon Hunderte Fotografen in der Umgebung!« Ich habe es trotzdem geschafft, erfolgreich zu sein. Nicht, weil ich so viel besser fotografiert habe als die anderen, sondern, weil ich besonders war und weil ich Add-ons geboten habe. *Der mit der kurzen Hose und den blonden Haaren. Die schauen das Hochzeitsvideo mit euch zusammen an.*

Was bleibt bei mir hängen, wenn ich dich treffe und/ oder wenn ich dein Kunde bin?

Nicht austauschbar zu sein, kann natürlich Fluch und Segen zugleich bedeuten, denn wenn du dein Produkt ausschließlich über deine Persönlichkeit verkaufst, heißt das auch, dass du immer alles selbst machen musst. Du kannst dann nicht einfach einen Mitarbeiter zur Hochzeit schicken, um zu fotografieren.

Falls du mit deinem Unternehmen ein größeres Wachstum anstrebst, musst du das im Auge behalten und dennoch nach dem kleinen Unterschied suchen, auf den deine Kunden nicht verzichten wollen und der trotzdem umzusetzen ist.

Sobald du aus der Masse hervorstichst, ist auch der Preis zweitrangig. Wer dich haben will, wer dein Produkt oder deine Leistung haben will, lässt sich nicht von Preisvergleichen abschrecken. So schlitterst du auch von Anfang an nicht in das Billigsegment. Gerade zu Beginn deiner Selbstständigkeit ist das eine sehr gefährliche Falle. Viele tappen da hinein, machen alles und zu jedem Preis, nur um den Auftrag zu bekommen. Den wenigsten ist bewusst, dass sie aus so einem Segment nur sehr, sehr schwer wieder herauskommen. Wenn überhaupt, dann nur über Abgrenzung. Also: Was unterscheidet dich von den anderen in deiner Branche?

Eine der meistgestellten Fragen an mich ist: »Ab welchem Monatsumsatz kann ich mich selbstständig machen?« Ich bin kein Steuerberater, aber ich würde schon sagen, dass es ab 10.000 Euro brutto möglich ist. Das klingt erst viel, ist es aber nicht, wenn du es auf einzelne Kunden herunterbrichst. Je nach Geschäftsfeld natürlich. Stelle dir also die Frage, wie viele Kunden du im Monat beziehungsweise im Jahr brauchst, um auf diese Summe zu kommen. Es ist sehr viel einfacher, auf die entsprechende Kundenanzahl zu kommen, als du vielleicht denkst!

Wenn du dich vor der Rechnung im vorangegangenen Absatz erst einmal erschrocken hast, denkst du jetzt vielleicht: *Wie soll denn das gehen? 10.000 Euro im Monat, das schaffe ich doch nie, das ist doch völlig unmöglich!!*

Stimmt, das ist viel, und deshalb solltest du jetzt sofort damit anfangen, deinen Umsatz zu verdoppeln!

Das ist relativ einfach!

Wenn du alles, was du bis jetzt gemacht hast, doppelt so oft machst, wirst du deinen Umsatz verdoppeln. Also: doppelt so viele potenzielle Kunden anrufen, zweimal so viel Zeit für Akquisition und auf Social Media verbringen. Du wirst sehr schnell feststellen, dass weit mehr dabei herauskommt als »nur« das Doppelte.

Wir sind alle miteinander sehr bequem geworden, und erst wenn der Leidensdruck groß genug ist, Schulden beglichen werden müssen und wenn Geld hereinkommen *muss*, sind wir bereit, etwas zu tun. Bequemlichkeit ist es auch, was uns die älteren Generationen gern vorwerfen, wenn sie sehen, dass wir eine völlig andere Vorstellung von unserer Work-Life-Balance haben als sie. Es ist Zeit, ihnen zu zeigen, dass wir auch bereit sind, etwas für unsere Visionen zu tun. Wir stehen für eine völlig neue Unternehmergeneration und greifen gleichzeitig sehr konservative Werte auf: Wir sind zum Einsatz bereit und gewillt, für unsere persönliche Vorstellung von Erfolg zu kämpfen und zu arbeiten.

Nicht alle Tage sind gleich, und selbst im Traumjob macht nicht jeder Tag unendlich viel Spaß. Finde deshalb für dich Rituale, um dich in Performance-Stimmung zu bringen. Hör deine Lieblingsmusik, hole alles herbei, was dich motiviert – die gute Energie vibriert und wird für dein Gegenüber unmittelbar spürbar.

Am liebsten würde ich ja jetzt mit dir persönlich sprechen, denn es ist schwer, ein All-in-one-Konzept zu erstellen, das für alle passt.

Hey, wie krieg ich das jetzt konkret hin mit dem Urlaub?, wirst du dich bestimmt schon das eine oder andere Mal gefragt haben, stimmt's? Vielleicht hast du herumgeblättert, um zu einer *How-to*-Seite zu gelangen? Die gibt es nicht, denn das gesamte Buch ist mein *How-to*. Ein wichtiges Tool hast du mit der Beiboots-Problem-Technik® schon kennengelernt. Vielleicht hast du auch schon einmal etwas vom 80:20-Prinzip gehört: 80 Prozent deines Umsatzes kommen von 20 Prozent der Kunden. Genauso ist es mit deinen Aufgaben. Du hast dir bei der BPT schon genau angesehen, was du täglich machst: Lediglich 20 Prozent davon sind meist die umsatzgenerierenden Aufgaben, die, die dich und dein Unternehmen wirklich voranbringen, weil sie das repräsentieren, wofür du brennst.

Alles andere solltest du auslagern oder weitergeben. Auch hier haben wir gemeinsam schon eine Regel aufgestellt: Rechne durch, wie viel deine Arbeitsstunde wert ist. All das, was darunter liegt, darfst du anderen überlassen. Konzentriere dich auf deine Top Drei!

Und die kannst du im Idealfall von überall in der Welt aus machen.

Andernfalls: Wenn du neun Monate voll da bist und – rechne dir das aus! – in dieser Zeit das schaffst, was du in zwölf Monaten schaffen wolltest, dann sind drei Monate Urlaub im Jahr locker realisierbar.

Ein Teilnehmer aus meinem *Inner Circle* hat sich als Experte/Coach selbstständig gemacht. Von der Konzepterstellung über Werbung, die Webseite, das Flyer-Design, Telefonate und so weiter hat er sich um alles selbst gekümmert.

Mithilfe der BPT haben wir die Aufgaben herausgearbeitet, die *er machen muss*, weil er das liebt und *nur er* diese Aufgaben erledigen kann. Er hat es geschafft, sich auf »seine« 20 Prozent zu konzentrieren. Er hatte zuerst geringfügig Beschäftigte, mittlerweile hat er eine Handvoll Teilzeitangestellte, die ihm die restlichen 80 Prozent abnehmen. So schneidet er beispielsweise seine Videos nicht mehr stundenlang selbst, sondern gibt das Rohmaterial an einen Mitarbeiter ab und geht stattdessen zehn Kilometer spazieren. Das ist sein Tagesziel, das tut ihm gut.

Wahrscheinlich kennst du die Situation, bis auf wenige Urlaubsunterbrechungen zwölf Monate im Jahr zu arbeiten. Vielleicht hast du dir irgendwann schon einmal vorgenommen, mindestens alle zwei Monate wenigstens ein paar Tage Urlaub zu nehmen. Im Beschäftigtenverhältnis geht das noch, aber als Unternehmer wird das schon schwieriger und erfordert sehr viel mehr Planung.

Auch das 9:3-Modell ist im Grunde eine Frage des Designs, des Konzepts, des Plans. Drei Monate Urlaub musst du vorausplanen und dir erarbeiten.

Je nachdem, in welcher Branche du tätig bist, gibt es gewiss eine Art »Hauptsaison«, richtig? Nutze die weniger lukrativen Wochen des Jahres für deinen Urlaub. Du kannst zu Hause herumlungern und Netflix-Serien schauen, aber du kannst ebenso ans Meer fahren und in einer Bar mit Blick aufs Meer einfach deine Gedanken baumeln lassen. Vielleicht baumelt aus deinen Gedanken auch ein Buch wie dieses heraus.

Wie ich auf die Idee gekommen bin, drei Monate im Jahr Urlaub zu machen? Weshalb mir das so wichtig ist? Nicht etwa, weil ich urlaubsgeil bin oder viel Luxus brauche. Ich sehe mich wie einen Muskel, der in der Ruhephase wächst. Ein Muskel wächst nicht während des Trainings, sondern während er regeneriert. Und wie lange es dauert, bis wir überhaupt anfangen, zu regenerieren, wissen die meisten von uns. Nach eineinhalb, zwei Wochen Urlaub haben wir meist erst das Gefühl, im Urlaub überhaupt angekommen zu sein.

Deshalb, davon bin ich überzeugt, bringen Kurzurlaube nicht wirklich viel.

Ich liebe das Meer, gehe Apnoetauchen und schaffe es im und am Wasser, meinen Gedanken freien Lauf zu lassen und auf neue Ideen zu kommen. Andere lesen, wandern oder lassen sich einfach treiben und saugen alle Eindrücke des jeweiligen Urlaubslands auf. *Richtig* Urlaub zu machen ist eine Kunst, behaupte ich. Meine Frau und ich kommen jedes Mal mit einem Koffer voller neuer Ideen nach Hause, wir waren wochenlang in Urlaub, aber unser Unternehmen wächst.

Als Angestellter oder Arbeiter hast du fünf, später sechs Wochen Urlaub, die du dir auf das Jahr verstreut einteilst. Denn fünf oder sechs Wochen am Stück wird der jeweilige Arbeitgeber in den wenigsten Fällen genehmigen. Oder, noch besser, du musst dich mit deinen Kollegen darum prügeln, wer welche Woche bekommt, denn es darf beispielsweise nur einer in dieser Zeit auf Urlaub fahren. Das ist ein Grund mehr, weshalb wir alle zu Unternehmern werden sollten! Auf der einen Seite streben wir ein unabhängiges Leben an und fordern Freiheit ein. Auf der anderen Seite hängen wir am sicheren Rockzipfel des monatlichen Gehalts, das regelmäßig aufs Konto kommt, und zwar unabhängig davon, wie uninspiriert und demotiviert wir im jeweiligen Monat waren.

Das Wichtigste bei der Umsetzung deines 9:3-Modells ist die Jahresplanung, und die beginnt bei den meisten zu spät. Viele setzen sich im Dezember oder im Jänner, meistens zwischen den Feiertagen, hin und planen das kommende Jahr, setzen ihre Ziele und Neujahrsvorsätze fest. Das ist zu spät. Unser Kopf braucht im Schnitt zwei bis drei Monate, bis wir die Ziele wirklich verinnerlicht haben, um dann in die Umsetzung zu gehen. Deshalb ist es wichtig, wenn du deine Ziele planst, spätestens im letzten Quartal des Jahres mit der Planung des kommenden Jahres zu starten. Dann hast du im Idealfall drei Monate Zeit, dich auf das neue Jahr vorzubereiten und im Jänner schon mit der Umsetzung zu beginnen.

Sonst ergeht es dir wie vielen unserer SeminarteilnehmerInnen, bevor sie zu uns kommen. Sie setzten sich im Jänner das Ziel fürs ganze Jahr, dann passierte im Jänner nichts, im Februar nichts und im März fing es dann langsam an, zu laufen. Wenn du jetzt schon drei Monate vorher startest, das Ziel schon abgesteckt hast, kannst du langsam anfangen, die Dinge umzusetzen und Kleinigkeiten vorzubereiten. Damit der langfristige Plan bereits im Jänner Früchte trägt.

Alle Teilnehmerinnen meines *Inner Circle* wissen, dass immer im Oktober die Ziel-Insel-Methode® ansteht.

Wie du deinen Umsatz verdoppeln kannst, weißt du ja jetzt. Einmal angenommen, das gehört zu deinen Jahreszielen. Dann kannst du das nicht von heute auf morgen umsetzen. Erstens ist dein Kopf noch nicht darauf eingestellt, und meistens lassen es die Strukturen auch gar nicht zu. Denn wenn du plötzlich entscheidest, doppelt so viele Kunden anzurufen (um nur ein Beispiel zu nennen), dann musst du auch sicherstellen, dass du dafür Zeit hast und dich nicht nebenher das Tagesgeschäft erschlägt.

Ich plädiere wieder für die Philosophie der kleinen

Schritte. Nimm dir Zeit, setze deine Ziele entsprechend, und sobald du dann das erste oder zweite Erfolgserlebnis hast, wirst du dir denken: *Das war doch jetzt gar nicht einmal so schwer!* Das bedeutet, dass du mit deinem Denken dort angekommen bist, wo du hinmusst!

Jeder, der mein Buch liest, hat eine andere Geschäftsidee im Kopf, und deshalb ist es so schwierig, mit dem Medium Buch auf euch alle im Detail einzugehen.

Im Grunde ist alles eine einfache Rechnung und deine individuelle Entscheidung. Für den Luxus der drei Monate Urlaub im Jahr musst du entweder in neun Monaten das hereinspielen, was du sonst in zwölf Monaten verdienst. Oder du entscheidest dich bewusst, dass du mit weniger Einkommen auch gut zurechtkommst. Diese Entscheidung kann dir niemand abnehmen, die musst du alleine treffen.

Die meisten Leute, die ich kenne und mit denen ich rede und insbesondere die Teilnehmer meines *Inner Circle*, streben die erstgenannte Variante an. Namlich die, in neun Monaten das einzunehmen, was sie üblicherweise in zwölf Monaten verdienen würden. Sie tun das nicht etwa, weil sie immer weiter hinaus und noch reicher werden wollen. Sie tun das, weil sie anhand meiner Methoden sehen, wie einfach das im Grunde geht. Nicht alles auf einmal. Schritt für Schritt kommen sie ihrem Ziel näher.

Die meisten arbeiten auch daran, sich im höheren Preissegment zu positionieren, indem sie ihr Angebot unverwechselbar und nicht austauschbar machen. Einmal angenommen, du bist selbstständig und bietest einfache Büroservicearbeiten für 30 Euro pro Stunde an. Acht Stunden pro Tag an fünf Tagen in der Woche (bei guter Auslastung). Da kommen trotzdem nicht mehr als 4.800 Euro im Monat herein, und das vor Abzug der Steuern. Ob dir das Einkommen auf neun Monate gerechnet reicht und sich dann auch noch drei Monate Urlaub ausgehen, musst du entscheiden. Das ist ja das Schwierige. Der eine denkt bei Urlaub an Wohnmobil, Selbstversorger und Reduktion auf das Wesentlichste. Der andere denkt an ein Fünf-Sterne-Luxusresort auf einer Privatinsel im Pazifik. Rechnen, liebe Freunde, müsst ihr selbst – aber ich stehe euch gern als Experte zur Verfügung und führe euch durch alle Stadien eures 9:3-Projektes, wenn ihr das möchtet! Ganz zu Beginn des Buches haben wir gemeinsam darüber nachgedacht, was Erfolg bedeutet. Was er *für dich* bedeutet. Bitte vergiss nicht, was das war, denn sonst läufst du Gefahr, dich zu überarbeiten.

Vielleicht kennst du die Geschichte von dem Fischer aus dem Buch *Das Café am Rande der Welt* von John Strelecky. Der Fischer fährt jeden Tag raus aufs Meer, fischt, liebt diese Zeit da draußen. Er kocht abends für die Familie, was er gefangen hat. Dann trifft er jemanden, der ihm sagt, er solle sich doch ein großes Schiff kaufen und Menschen anstellen. Der Fischer fragt: »Warum?« Der Mann erklärt ihm, dass er doch dann ein Unternehmen gründen und groß machen könne. Irgendwann könne er zehn Schiffe haben, und der Fischer fragt: »Warum?« – »Weil du dann jeden Tag bei deiner Familie sein könntest …«, und der Fischer sagt: »Das bin ich doch jetzt auch …«.

Es muss nicht immer noch mehr sein, und je größer die Flotte, desto größer die Verantwortung. Deshalb musst du dir darüber im Klaren sein, was Erfolg für dich bedeutet und ob meine drei Monate Urlaub, mein 9:3-Modell, für dich für etwas ganz anderes stehen. Vielleicht hast du Kinder und vielleicht ist es daher für dich nicht umsetzbar, drei Monate Urlaub im Jahr zu machen. Vielleicht hast du dich aber auch längst entschieden, deine Arbeitsstunden zu reduzieren und jeden Tag ab Mittag bei den Kids zu sein.

Mein 9:3-Modell kann in bestimmten Lebensabschnitten auch für etwas ganz anderes stehen als nur für drei Monate Urlaub im Jahr. Es ist ein Lebensentwurf, der von Unabhängigkeit, Freiheit und einem ausgewogenen Verhältnis von Arbeit und Leben handelt.

Es kostet dich immer wieder Überwindung, ins Tun und ins Handeln zu kommen? Trotz Beiboots-Problem-Technik® hast du das Gefühl, dass du immer noch zu viele Kleinigkeiten auf deiner To-do-Liste abarbeiten musst, bevor du dich um deine wirklich wichtigen Aufgaben kümmern kannst?

Ich habe die Erfahrung gemacht, dass es oft daran liegt, dass wir zu wenig gesunde Routinen und Struktur haben und ein Umfeld, das uns hemmt und nicht die notwendige Unterstützung bietet. Wenn du nicht nachdenken musst, was du morgens anziehst, und du in ein fertig aufgeräumtes Büro gehen und direkt mit der Arbeit starten kannst, dann hat dein Tag gleich viel mehr Stunden als der anderer. Hast du ein motivierendes Umfeld, kannst du nicht demotiviert sein, denn deine Leute fragen dich ja: »Hey, warum ist da nichts weitergegangen, du hast doch gesagt, du machst bis Ende dieser Woche dieses und jenes ...« Mit dem nötigen Antrieb von außen kommst du automatisch ins Tun, selbst wenn du einmal etwas träge bist. Zusätzlich habe ich in diesem Kapitel ein paar Tipps für dich zusammengefasst, die dir helfen, deinen inneren Kraken abzuschütteln, diese kleine Schiffsratte. 60 Tage kann es dauern, bis eine Gewohnheit zur Routine wird. Ich habe verschiedene Varianten ausprobiert, um meinen gewohnten Tagesablauf zu verändern und ihm mehr Stunden zu geben. Das ist individuell sehr verschieden, was bei dem einen super funktioniert, klappt für den anderen gar nicht. Du musst es einfach austesten, dann findest du ganz leicht Wege, zu effizienten Strukturen und einem produktiven Tagesablauf ohne Leerläufe zu kommen.

Zu einer guten Struktur gehört bei mir eine gut durchdachte Morgenroutine. Mein Tag beginnt aus diesem Grund bereits am Abend zuvor. Ich entscheide am Abend, wann ich in der Früh aufstehe, und plane am Vorabend den kommenden Tag durch.

Ich achte genau darauf, dass meine Schlafphase immer gleich lang bleibt. Eine gute Schlafhygiene ist besonders wichtig, und Vitalmediziner bestätigen das auch. Ich nehme zusätzlich ein paar Supplemente. Ich habe mit diesen Nahrungsergänzungen sehr gute Erfahrungen gemacht. Vielleicht fehlt dir irgendein Vitalstoff, was du mithilfe einer Untersuchung ganz leicht abklären lassen kannst. Wenn du beispielsweise das Gefühl hast, ständig müde zu sein, macht es keinen Sinn, einfach irgendwelche Vitaminpräparate einzunehmen. Nur wenn du genau weißt, was dir fehlt – oder wo du möglicherweise einen Überschuss hast –, weißt du, wie und womit du effektiv gegensteuern kannst.

Nach 18:00 Uhr lese und beantworte ich keine E-Mails mehr und bin nicht mehr auf Social Media aktiv. Ich vermeide alles, was mich sonst die Nacht über beschäftigen und nicht gut schlafen lassen könnte. Ich arbeite am PC und Handy mit Blaulichtfilter und bin im Nicht-stören-Modus. So kann es nicht passieren, dass vor dem Schlafengehen noch eine Nachricht aufpoppt, die mir nicht guttut.

Außerdem bereite mich für den nächsten Morgen vor und lege – je nachdem, was auf dem Plan steht – meine Kleidung zurecht. So muss ich am Morgen nicht darüber nachdenken, was ich anziehe und ob in meiner Sport- und/oder in meiner Arbeitstasche alles das ist, was ich brauche.

Eine gute Abendroutine bereitet dich perfekt auf deinen Morgen vor. Ich höre immer wieder von der sogenannten Morgenroutine der Millionäre. Damit musst du dich nicht beschäftigen, denke ich, denn glaube mir, die Millionäre sind nicht Millionäre geworden, weil sie eine gewisse

Morgenroutine haben, sondern weil sie jahrelang Gas gegeben haben, um jetzt vielleicht erst um 10:00 Uhr aufzustehen oder nur zwei Stunden am Tag zu arbeiten. Versuche also, die passende Morgen- und Abendroutine für dich und deinen Tagesablauf zu finden. Dabei gibt es mehrere Methoden und Ansatzpunkte, die ich alle über einen gewissen Zeitraum getestet habe.

Mit dem Biorhythmus arbeiten

Steh früher auf! Dadurch schaffst du schon mehr als viele andere. Der zu nutzende Zeitraum war immer da, du hast ihn bis jetzt nur verloren.

Das mit dem Früher-Aufstehen klappt natürlich nicht bei jedem, denn nicht jeder kann morgens schon hoch konzentriert arbeiten, manche können erst ab Mittag so richtig Gas geben, da ist jeder individuell verschieden, und da ist es wichtig, dass du auf deinen ureigenen Rhythmus hörst.

Steh später auf, schlaf dich aus! Dieser Appell gilt jenen, die sich in der Früh schwertun, in die Gänge zu kommen, oder die morgens gern meditieren oder Sport machen. Ihnen macht es nichts aus, noch zu arbeiten, wenn alle anderen schon Feierabend haben. Vielleicht gehörst auch du zu jenen, die die Ruhe genießen und abends erst so richtig kreativ sein können.

Wie auch immer dein idealer Rhythmus aussieht – als Unternehmer kannst du ihm ungehindert folgen, denn du teilst dir deine Tage so ein, wie du möchtest, und du arbeitest dann, wenn du am effizientesten bist.

Die 20/20/20-Methode

Ein Mindestmaß an Sport und Bewegung ist prinzipiell gesund und für jeden wichtig. Aber nicht immer geht sich ein eineinhalbstündiges Workout oder eine Pilates-Session aus – Umziehen, Duschen und den Hin- und Rückweg ins Fitnessstudio noch nicht mit eingerechnet.

Manchen reicht die tägliche Runde mit ihrem Hund. Anderen tut es gut, sich gelegentlich so richtig auszupowern.

Ich halte mich aktuell an die 20/20/20-Methode aus dem Buch *Der 5-Uhr-Club* von Robin Sharma. Bei dieser Methode treibst du zwanzig Minuten schweißtreibenden Sport, machst zum Runterkommen zwanzig Minuten Affirmationen und Mediation und dann kümmerst du dich zwanzig Minuten lang um deine Weiterbildung.

Probier es aus, vielleicht ist das auch für dich eine gute Methode, eine Stunde am Tag in dein Mind-, Health-, Heart- und Soulset zu investieren. Mehr Effizienz geht kaum!

Ausschlafen ohne Wecker

Das ist sehr spannend, denn du wirst merken, dass du an Tagen, an denen du Sachen erledigen musst, auf die du keine Lust hast, viel länger schläfst als an Tagen, an denen du dich auf deine anstehenden Aufgaben richtig freust.

Da du dich entschieden hast, deine Tage ab sofort mit Dingen und Aufgaben zu füllen, auf die du dich freust und die du liebst, könnte das mit dem Ausschlafen ohne Wecker für dich gut funktionieren.

An Tagen, an denen du zu einem wichtigen Termin musst, schadet es allerdings nicht, den Wecker sicherheitshalber doch zu stellen. Ich habe die Erfahrung gemacht, dass ich ihn trotzdem nicht brauche, denn meine innere Uhr funktioniert dank meiner Schlafhygiene ganz hervorragend.

Die 72-Stunden-Regel

Eine wirklich wichtige Regel ist die 72-Stunden-Regel. Egal, welche Idee du dir in den Kopf gesetzt hast, egal, was du dir vorgenommen hast. Du musst innerhalb von 72 Stunden mit der Umsetzung beginnen. Wenn du nämlich schon einmal ins Handeln gekommen bist, bringst du dein Projekt zu 90 Prozent auch zu Ende.

Einmal angenommen, du willst endlich deine eigene Webseite gestalten. Starte schon einmal damit, dich zu informieren, wie das geht, was du alles dafür brauchst, wer das für dich machen könnte und was es dazu von dir vorzubereiten gibt. Vielleicht kommst du nicht sofort dazu, aber es gibt schon einmal diesen Ordner, in dem du die diesbezüglichen Informationen und To-dos gesammelt hast. Sobald die Webseite von der Priorität her an der Reihe ist, wirst du das Projekt umsetzen. Wenn es dir nicht gelingt, innerhalb von 72 Stunden in Fahrt zu kommen, sinkt deine Chance zur Umsetzung auf ein Prozent, und das wollen wir ja nicht.

Es passiert oft schnell, dass wir in die Aufschieberitis hineinrutschen. Aufschieben ist fürs Erste unglaublich bequem, aber du hast die unerledigte Sache dann ständig im Hinterkopf und sie hemmt und blockiert dich. Deshalb finde ich die 72-Stunden-Regel so genial. Und wenn es nur die Vorbereitungen sind für eine Aufgabe – mache es dir zur Gewohnheit, innerhalb von 72 Stunden damit anzufangen. Einmal angefangen, ziehst du es durch!

Dein Dankbarkeitstagebuch

»Hey, was ist mit dir, Manuel!«, wirst du vielleicht rufen. Und: »Jetzt soll ich auch noch ein Tagebuch anfangen! Das macht meinen ohnehin vollen Tag sicher nicht kürzer!«

Ich meine das ganz im Ernst. Dankbar zu sein, zurückzublicken auf das Erreichte und es zu würdigen und zu feiern, halte ich für sehr wichtig! Die kleinen Schritte und bescheidenen Erfolge gehen oft unter. Wenn es gut läuft, ist das nicht weiter schlimm. Aber wenn es einmal nicht so rund läuft, fehlt uns manchmal der Blick für die positiven Seiten, deshalb sollten wir das trainieren. Wer auch den harten Zeiten im Leben immer etwas Positives abgewinnen kann, kommt schneller aus einem Tief als diejenigen, die sich oft jahrelang mit ihren Niederschlägen oder Kränkungen aus der Vergangenheit beschäftigen. Das Leben findet aber im Hier und Jetzt statt!

Also, los geht's! Tagebuch anfangen!

Mache es händisch oder lege dir eine Datei an. Schreibe jeden Tag in dein Dankbarkeitstagebuch drei positive Dinge. Nur Stichworte, keine Romane!

Du wirst anfangs vielleicht Schwierigkeiten haben, wirklich drei Sachen zu finden. Aber du wirst bald merken, weshalb dieses Dankbarkeitstagebuch eine richtig gute Idee ist. Du wirst nämlich feststellen, wie sich dein Fokus auf das Positive an jedem einzelnen Tag verstärkt. Du wirst plötzlich Sachen bemerken und bewusst wahrnehmen, die sonst möglicherweise untergegangen wären. Notiere dir, was du alles schon geschafft hast auf dem Weg zu deinen Zielen, was du vielleicht gelernt oder erfahren hast an diesem Tag.

Stell dir vor, die Datei oder das Buch wird voller und voller – und lauter positive Dinge stehen darin. Schon allein täglich darin zu blättern, wird dich mit Dankbarkeit erfüllen und du wirst stolz auf dich sein und zufrieden. Vielleicht suchst du irgendwann ein Best-of zusammen und lässt die schönsten Einträge auf Notizblöcke drucken!

Es ist so einfach, es tut so gut, aber das Traurige ist, so viele machen es nicht!

TAKE-AWAYS

✓ Planen und vorausarbeiten! Jeden Tag, das ganze Jahr!

✓ Unterstütze dein Healthset mit deiner Schlafhygiene!

✓ Befolge konsequent die 72-Stunden-Regel!

✓ Schärfe mit dem Dankbarkeitstagebuch deinen Fokus auf das Positive!

Ich gehe nun von Bord ...

Am Anfang meiner Seminare bekommen die Teilnehmer ein Armband mit einem Anker darauf. Vielleicht kennst du die Gummiband-Methode? Du kann dich mit diesem Armband selbst schnippen, um dich auf gewisse Dinge aufmerksam zu machen, etwa, wenn du dich dabei ertappt hast, dass du in alte Gewohnheiten zurückgefallen bist.

Am Ende des Seminars schneiden wir dann gemeinsam das Band durch. Das ist ein symbolischer Akt dafür, dass es irgendwann auch an der Zeit ist, sich von einem Experten oder Mentor zu lösen. Wer loslässt, hat beide Hände frei, heißt es, und die brauchst du jetzt, um dein eigenes Schiff zu steuern.

Denk daran, dass dir an jedem Tag deiner Reise Dinge begegnen, die dich wachsen lassen können. Sei ein Schüler deines Lebens und hör nicht auf, dich weiterzuentwickeln, größer zu werden und zu lernen.

Loslassen ist ein intensiver Prozess, aber du wirst merken, wie viel Kraft er entfaltet, wenn eine Reise so gut vorbereitet ist wie die deine!

Ich hoffe, ich konnte ein gutes Beispiel dafür sein, dass durch Teilen so viel mehr entstehen kann! Deshalb möchte ich dich ermutigen, dein Wissen weiterzugeben. Du wirst erfahren, wie viele Türen es dir öffnet, und du wirst feststellen, wie unendlich viel du gewinnen kannst, wenn du etwas gibst. Sei ein Vorbild und Leuchtturm für andere!

Wenn du möchtest, schreibe mir und erzähl mir von deiner Reise und was du bisher erlebt hast. Schicke mir deine Erfolgsstory! Vielleicht kann ich schon bald den Neuzugängen unserer 9:3-Bewegung von dir und deiner Geschichte erzählen!

Egal, in welcher Situation du bist, in meinem Buch gibt es immer eine Idee!

Aber wenn du mich brauchst, bin ich für dich da – melde dich jederzeit bei mir auf Social Media oder schau in einem meiner Seminare vorbei. Ich würde mich freuen, dich dort zu sehen!

Ich verlasse jetzt dein Schiff – vielleicht für immer, weil du mich nicht mehr brauchst, aber vielleicht sehen wir uns schon bald wieder, wer weiß das schon? Bevor ich mich verabschiede, möchte ich gern zusammen mit dir noch eine Tasse Tee trinken.

Wir sitzen entspannt in einem Café am Rande des Wassers, blicken hinaus und schauen den Wellen beim Kommen und Gehen zu. Wir reden nicht, wir verstehen uns auch ohne Worte.

Wir haben es geschafft. Unser Lebensschiff segelt stabil dahin, auch während wir wieder einmal ein paar Wochen auf Urlaub sind. Das eine oder andere erledigen wir von unterwegs aus, aber es fühlt sich nie nach Urlaubsunterbrechung oder nach Arbeit an, sondern nach etwas, was wir von Herzen lieben. Das Business daheim ist auf Schiene, und wir haben während der ersten Urlaubswochen ein paar Stunden dafür verwendet, neue Gedanken zu skizzieren und Ideen zu spinnen, die darauf warten, zu Hause umgesetzt zu werden.

Wir sehen Leute vorbeiflanieren, die einen mit einem Papagei, die anderen mit einem Kapitän auf der Schulter.

Mach die Augen zu und lass dein wunderbares Leben auf dich wirken, lass dich warm einhüllen in dieses Gefühl der Freiheit, behalte es in deinem Herzen und gib es nie wieder her. Hörst du die Wellen?

DEIN PERSÖNLICHER 12-WOCHEN-FAHRPLAN

Wenn ich dir jetzt erzählen würde, du könntest alles das, was in diesem Buch steht, in zwölf Wochen erreichen, würde ich lügen. Viele machen das und versprechen dir ein neues Leben, ein schöneres Leben, nur mehr die Hälfte zu arbeiten und dreimal so viel zu verdienen, einen neuen Körper und überhaupt das Blaue vom Himmel – und das, so das Versprechen, innerhalb kürzester Zeit. Das klingt sehr verlockend und verkauft sich gut.

Nicht zufällig habe ich im Buch immer wieder darauf hingewiesen, dass du für die Umsetzung Konsequenz brauchst, Herzblut und Einsatzbereitschaft, und dass drei Monate Urlaub im Jahr nicht vom Himmel fallen, sondern dass sie Arbeit bedeuten. Bis zu 60 Tage kann es dauern, bis du alte Gewohnheiten durch neue ersetzt hast – da sind zwei Drittel der zwölf Wochen schon allein weg, um die unerwünschten Gewohnheiten durch neue zu ersetzen!

Was ich also *nicht* versprechen kann, ist, dass du in zwölf Wochen schon dein 9:3-Leben lebst. Was ich dir aber *definitiv* versprechen kann, ist Folgendes:

Wenn du dieses Buch durcharbeitest und dann ein ganzes Jahr lang konsequent an der Umsetzung dranbleibst, kannst du deinen Traum von 9:3 auf jeden Fall erreichen!

Für deine permanente Übersicht und zu deiner Orientierung habe ich zum Abschluss diesen 12-Wochen-Plan angehängt – er ist dein Basisprogramm, dein Startschuss in dein neues 9:3-Leben!

Woche	Aktivität	umgesetzt am
1.	Ackere das Buch durch!	
2.	Finde heraus, was Erfolg für dich bedeutet!	
3.	Analysiere dein Umfeld: Identifiziere Energie-Kraken und löse sie vom Schiffsrumpf!	
4.	Lasse die richtigen Menschen in dein Leben! Suche dir Vorbilder!	
5.	Etabliere die ersten 9:3-Routinen! – Schreibe die nächsten Wochen deine To-dos für die Beiboots-Problem-Technik® auf! – Fang an, dir Menschen zu suchen, die dir Türen öffnen!	
6.	Erstelle deine visuellen Anker: – Dein Visionboard – Dein Werteboard	
7.	Zeit für die Ziel-Insel-Methode®!	
8.	Nutze die Beiboots-Problem-Technik®, um Aufgaben zu strukturieren, und deine Top Drei zu finden!	
9.	Passe deine Routinen und Strukturen schrittweise an dein Ziel an!	
10.	Werde sichtbar! Wechsle ins Unternehmer-Mindset!	
11.	Tu, wofür sich andere zu schade sind. Sei einzigartig! Verdopple deinen Umsatz!	
12.	Werde Kapitän deines Lebensschiffs!	

Sichere dir jetzt deinen Gutschein & buche dir ein kostenloses Erstgespräch!

Erstgespräch buchen

500€ Gutschein für deinen Start in 9:3!

Weitere Informationen über mich findest du auf meiner Homepage:

www.manuel-spors.com

Außerdem würde ich mich über dein Feedback und deine Geschichte freuen, melde dich gerne jederzeit unter:

buch@manuel-spors.com

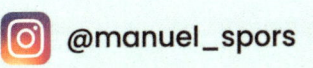 @manuel_spors 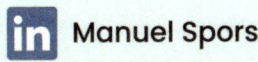 Manuel Spors

Der Autor

Manuel Spors legte mit nur 18 Jahren die Grundsteine für sein erstes Unternehmen in der Eventfotografiebranche. Wenige Jahre später gründete er bereits sein zweites Unternehmen. Mittlerweile unterstützt er Unternehmer in ganz Europa dabei, ein erfolgreiches Business aufzubauen. Er ist ein Herzblut-Unternehmer, der mit Jugend, Zielstrebigkeit und neuen einzigartigen Lösungsansätzen vorangeht.

Mit seinem Slogan »*Be different & show it!*« zeigt er, dass in jedem Unternehmer und Unternehmen etwas Einzigartiges steckt.

Manuel Spors begeistert in Seminaren und Vorträgen durch Vermittlung seines Praxiswissens und seiner Lebensweise – mit neun Monaten Arbeit und drei Monaten frei im Jahr – Menschen in ganz Europa.

MensSana TB, 14. Januar 2022.